KB190383

2-①

미리 보는
초등 수학
교과서

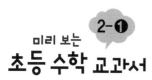

미리 보는
초등 수학 교과서 2-❶

1판 1쇄 2013년 1월 10일

지은이 김혜임, 유세희, 이재영
그린이 이선주
펴낸이 조영진
기획편집 김은경
편집디자인 김민정, 이미영

펴낸곳 고래가숨쉬는도서관
출판등록 제406-2012-000082호
주소 경기도 파주시 문발로 115, 302호(문발동, 세종출판벤처타운)
전화 031-944-9680 팩스 031-945-9680
홈페이지 www.goraebook.com

* 값은 뒤표지에 적혀 있습니다.
* 잘못 만든 책은 구입하신 서점에서 바꾸어 드립니다.
* 책의 내용과 그림은 저자나 출판사의 서면 동의 없이 마음대로 쓸 수 없습니다.

ISBN 978-89-97165-12-4 64410
ISBN 978-89-97165-10-0 64410(세트)

이 도서의 국립중앙도서관 출판시도서목록(CIP)은 e-CIP홈페이지(http://www.nl.go.kr/ecip)와
국가자료공동목록시스템(http://www.nl.go.kr/kolisnet)에서 이용하실 수 있습니다.(CIP제어번호: CIP2012006045)

2-1

미리 보는
초등 수학
교과서

김혜임 · 유세희 · 이재영 글 | 이선주 그림

고래가
숨 쉬는
도서관

이야기와 함께 재미있는 수학

할머니 할아버지의 재미있는 옛날 이야기는 언제 들어도 재미있고 자꾸만 듣고 싶어집니다. 재미있는 이야기를 듣거나 읽다 보면 우리도 모르게 이야기에 빠져 들어 집중하게 됩니다. 그리고 이야기의 재미와 감동을 느끼면서 우리는 이야기를 오래도록 기억하게 됩니다.

그런데 가끔씩 지루하고 어렵게만 느껴지는 수학 공부도 재미있는 이야기를 읽 듯이 공부할 수 있다면 저절로 수학 실력이 쑥쑥 크지 않을까요?

2009 개정 교육 과정에 따른 새 수학 교과서에서는 스토리텔링 형식으로 수학을 공부합니다. 그래서 2009 개정 교육 과정에 따른 새 수학 교과서에 맞추어 스토리텔링 형식으로 더욱 재미있고 쉽게 수학을 공부할 수 있도록 구성한 것이 바로 '미리 보는 초등 수학 교과서'입니다.

이 책은 재미있는 수학 이야기를 통해 학생들이 수학을 더 친근하게 느낄 수 있고, 우리 주변 생활 속 소재를 활용하여 수학을 실제로 경험할 수 있도록 하였습니다. 더불어 다양한 수학 활동들을 통해 학생들이 효과적으로 수학적 개념을 형성할 수 있도록 도와주고 있습니다. 또한 어렵게만 느껴지는 수학적 개념을 다시 한 번 정리하여 열린 사고와 창의적인 사고로 수학을 즐길 수 있도록 하였습니다.

따라서 수학을 공부하기보다는 자연스럽게 수학책을 읽어 나가면서 수학을 이해하고 수학적 사고력을 길러 학생들 스스로 수학 교과를 학습해 나갈 수 있는 자기 주도적 학습에 초점을 맞추고 있습니다.

'미리 보는 초등 수학 교과서'는 수학 이야기책으로서의 역할과 동시에 수학 교과의 선행 학습에도 효과를 얻을 수 있는 학습서로서의 역할까지 기대할 수 있습니다. 또한 학생들은 미리 수학 교과를 경험할 수 있는 효과적인 예습 시간을 가질 수 있으며 이로써 수학의 자신감을 더욱 키워 나갈 수 있을 것입니다. 그래서 초등학교 학생들이 새 학기 수학 수업을 준비할 때 반드시 읽어 볼 수 있도록 추천하고 싶은 책입니다.

　수학을 정말 잘하는 사람은 계산을 잘하거나 공식을 많이 외우고 있는 사람이 아닙니다. 수학을 정말 좋아하고 즐기는 사람입니다. 여러분 모두 이 책을 통해서 수학을 조금 더 좋아하고 즐기면서 즐겁게 공부할 수 있기를 기대해 봅니다.

2013년 1월에

김혜임, 유세희, 이재영(수학을 사랑하는 선생님들의 모임)

이 책의 구성과 특징

이 책의 특징

- 2013년 새 교과서의 내용을 충실히 반영했습니다.
- 학생들의 학습의 욕구와 흥미를 돋우는 스토리텔링 방식으로 학습할 수 있게 설계했습니다.
- 학교 현장에서 공부하는 교과서의 구성에 따라 만들었습니다.
- 교과서의 구성에 맞게 교과서의 흐름을 미리 살펴볼 수 있도록 하였습니다.
- 캐릭터들의 친절한 설명을 통해 자연스럽게 개념을 익힐 수 있도록 하였습니다.
- 창의 수학과 쏙쏙 코너를 통해 학생들의 창의성과 인성을 길러 주도록 배려했습니다.
- 학생들이 자기 스스로 학습 활동을 해 보며 자기 주도 학습이 가능하도록 구성했습니다.

이 책의 구성

교과서 따라하기

이 책은 교과서 단원의 순서에 맞게 이루어져 있으며 각 단원은 3~9차시로 구성되어 있습니다. 각 차시별 내용 구성을 살펴볼까요?

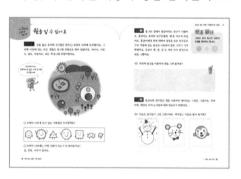

생각열기 는 2009 개정 교육 과정에 따른 새 수학 교과서에서 많이 강조하고 있는 스토리텔링으로 재미있는 이야기를 통하여 문제 상황을 제시하여 학생들이 이 단원에 공부할 내용이 어떤 내용과 관련이 있는지 알게 합니다.

활동 은 선생님과 함께 수업 시간에 배우는 내용을 교과서의 순서에 맞게 활동으로 만들었습니다. 단순히 책을 읽기만 하는 것이 아니라 그려도 보고 써 보기도 하며 학생들이 스스로 개념을 익혀 나갑니다.

약속하기 약속하기는 각 교과서 차시에서 꼭 알아야 할 개념을 간단하게 정리합니다. 따라서 책을 읽을 때 각 장에서 가장 중요한 부분이므로 여러 번 읽어 개념을 이해하도록 하는 것이 좋습니다.

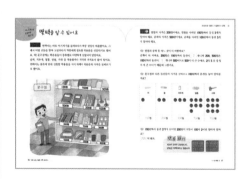

마무리 는 각 차시의 내용을 정리하여 만화로 담고 있습니다. 각 차시에서 배운 내용들을 짧은 만화로 구성하여 아이들이 쉽고 재미있게 이해할 수 있도록 합니다.
학습에 필요한 보충 설명이나 개념등을 자연스럽게 익혀 학습을 흥미 있게 유도할 수 있고 친근함을 느낄 수 있도록 합니다.

캐릭터 학습에 필요한 보충 설명이나 개념 등을 자연스럽게 익혀 학습을 흥미 있게 유도할 수 있고 친근감을 느낄 수 있도록 합니다.

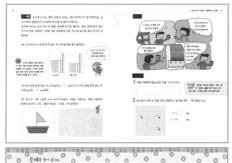

쏙쏙 은 단원에서 중요한 내용을 쏙쏙 뽑아 정리한 것이므로, 꼭 알고 넘어갈 수 있도록 한 번 더 살펴보도록 합니다.

창의 수학! 은 차시의 주제와 관련된 내용에 대해 다양한 아이디어를 알아보고 사고할 수 있도록 제시합니다.

익히기문제 는 차시에서 배운 내용을 문제로 풀어 보며 기본 개념을 다시 확인하도록 합니다.

문제를 풀어 봅시다

각 단원에서 중요한 개념들을 잘 이해하였는지 살펴보기 위한 문제들로 구성이 되어 있습니다. 문제를 통해 배운 개념을 충분히 익혀서 기본을 다지는 것이 좋습니다.

교과서 밖 수학

교과서 각 단원에 따라 문제 해결, 체험 마당, 놀이 마당, 이야기 마당으로 구성되어 있습니다. 각 단원에 가장 적합한 2가지 유형으로 구성하여 지식이 아닌 실생활에 도움이 되게 학습하며 생활 속에서 수학을 느껴 봅니다.

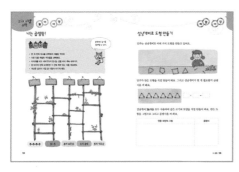

문제해결 단원에서 배운 내용을 좀더 다양하고 깊이 있게 공부해 봅니다. 주어진 문제 상황을 잘 살펴본 후 문제를 해결해 보도록 합니다.

체험마당 각 단원의 내용을 소재로 하여 실생활에서 직접 학생들이 체험해 볼 수 있는 내용으로 제시되어 있습니다. 체험 마당을 살펴볼 때에는 단원의 중요 개념을 살펴본 후 직접 체험해 보는 것이 좋습니다.

이야기마당 학생들이 단원의 주요 개념을 이야기를 읽어 나가면서 학습할 수 있도록 하고, 수학 이야기를 읽으며 다양한 수학적 사고력 향상에 도움이 되도록 합니다.

놀이마당 놀이를 하면서 학습 효과를 높이기 위해 제시하였으며 주로 학생 혼자보다는 2명이서 할 수 있는 내용들로 구성하였습니다. 수학 공부를 쉽고 재미있게 하고 싶다면 부모님이나 친구와 함께 짝이 되어 직접 해 봅니다.

{차례}

1 세 자리 수

- 백을 알 수 있어요
- 몇백을 알 수 있어요
- 세 자리 수를 알 수 있어요
- 뛰어서 셀 수 있어요
- 두 수의 크기를 비교할 수 있어요

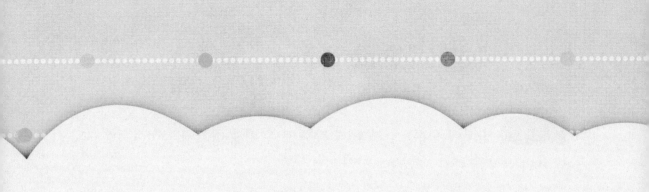

반짝이는 부모님과 함께 마트에 가는 길이에요.
집에서 나와 엘리베이터를 타고 내려올 때도
버스 정류장에서 버스 번호가 보여요.
마트에는 여러 가지 물건이 아주 많아요.
필요한 물건의 개수를 세어 물건을 살 때도 숫자를 알아야 해요.
어떤 물건이 몇 개쯤 있는지, 어떻게 셀 수 있는지 함께 알아볼까요?

백을 알 수 있어요

생각열기 반짝이는 부모님과 함께 장을 보기 위해 마트에 갔어요. 마트에 가면 정말 다양한 물건들이 많이 있어요.

우유, 참치 캔, 과자, 휴지 등 우리 생활에 필요한 물건들을 많이 볼 수 있어요. 이 많은 물건들은 몇 개일까요?

활동 1 어떤 물건들이 몇 개씩 있는지 알며 물건을 세는 방법을 알아봐요.

먼저 우유부터 함께 세어 볼까요?

우유는 한 상자에 **10**개씩 들어 있고 **4**상자이니까 모두 **40**개예요.

휴지는 **10**개씩 **6**묶음이니까 모두 **60**개예요.

참치 캔은 **10**개씩 **7**묶음이고 낱개로 **5**개가 더 있으니까 모두 **75**개예요.

🌸 왼쪽 그림에 있는 물건들을 세어 볼까요?

우유	40	개	컵라면	90	개	휴지	60	개
과자	99	개	참치 캔	75	개	커피	80	개
초콜릿	70개		생수	57개				

활동 2 마트에서 일하는 사람들이 바쁘게 음료수를 정리해요. 새로운 음료수가 더 쌓여 있어요.

음료수는 모두 몇 개인지 함께 세어 볼까요?

물건의 개수를 잘 세기 위해서는 십 묶음이 몇 개이고 낱개가 몇 개인지 세어 보면 돼.

🌸 음료수를 10개씩 묶어 보면 모두 몇 묶음이 되나요?

모두 [10] 묶음이 돼요.

10개씩 **10**묶음인 수를 **100**이라고 부르며 우리가 배우는 첫 번째 세 자리 수예요.

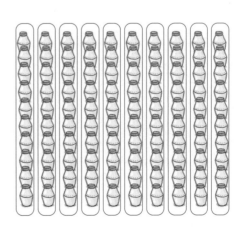

약속 하기

99보다 1큰 수는 100입니다. 10개씩 10묶음은 100입니다. 100은 백이라고 읽습니다.

활동 3 수 배열표를 보면서 100에 대해 조금 더 자세히 알아봐요.

1	2	3	4	5	6	7	8	9	10
11	12	13	14	15	16	17	18	19	20
21	22	23	24	25	26	27	28	29	30
31	32	33	34	35	36	37	38	39	40
41	42	43	44	45	46	47	48	49	50
51	52	53	54	55	56	57	58	59	60
61	62	63	64	65	66	67	68	69	70
71	72	73	74	75	76	77	78	79	80
81	82	83	84	85	86	87	88	89	90
91	92	93	94	95	96	97	98	99	100

1부터 100까지 수가 나열되어 있는 표를 수 배열표라고 해.

🐾 100을 표현하는 방법에는 어떤 것들이 있을까요? 수 배열표에서 100은 어디에 있나요?

오른쪽 제일 아래쪽에 있어요.

가로 방향으로 갈수록 수는 [1] 씩 커지고 있어요.

세로 방향으로 갈수록 수는 [10] 씩 커지고 있어요.

100의 바로 왼쪽에는 [99] 가 있어요.

100의 바로 위에는 [90] 이 있어요.

100은 99보다 1 큰 수 또는 90보다 10 큰 수라고 이야기할 수 있어요.

마무리

엄마, 내일이 무슨 날이에요?

음, 내일이 바로 동생 백일잔치란다.

???

백일잔치? 그게 뭐지?

일단 중요한 날인 것 같으니 동생을 위해서 열심히 저금 해야지!

100일을 축하합니다

아하~ 이것을 100이라고 쓰고 백이라고 읽는 거구나!

익히기 문제

1 관계 있는 그림과 수를 선으로 연결해 보시오.

우리 주변에는 100이 많이 사용되고 있어. 눈을 크게 뜨고 한 번 찾아봐.

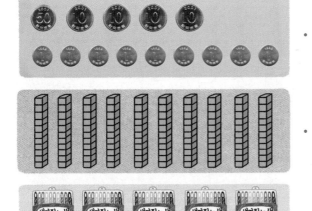

90

100

99

몇백을 알 수 있어요

생각 열기 반짝이는 마트 여기저기를 둘러보다가 짝꿍 생일이 떠올랐어요. 그래서 어떤 선물을 할까 고민하다가 짝꿍에게 필요한 학용품을 선물하기로 했어요. 와! 문구점에는 학용품들이 종류별로 다양하게 진열되어 있었어요.

공책, 지우개, 필통, 연필, 가위 등 학용품마다 각각의 가격표가 붙어 있어요. 반짝이는 용돈에 맞춰 선물할 학용품을 사기 위해서 학용품의 가격을 살펴보기로 했어요.

활동 1 연필의 가격은 200원이에요. 연필을 사려면 100원짜리 동전 2개가 있어야 해요. 공책의 가격은 500원이에요. 공책을 사려면 100원짜리 동전 5개가 있어야 해요.

🌸 연필과 공책 중 어느 것이 더 비쌀까요?

공책이 더 비싸요. 200원은 100원짜리 동전이 2 개니까 200, 500원은 100원짜리 동전이 5 개니까 500이므로 500이 더 큰 수예요. 2와 5 둘 중 5가 더 큰 수이기 때문에 그렇지요.

🌸 문구점의 다른 물건들의 가격을 살펴보고 100원짜리 동전을 놓아 알아볼까요?

자	풀	지우개	필통	가위
🪙	🪙🪙	🪙🪙🪙	🪙🪙🪙 🪙🪙🪙 🪙	🪙🪙🪙 🪙🪙🪙 🪙🪙🪙
100원	200원	300원	700원	900원

🌸 100원짜리 동전 2개가 모이면 200원이 되듯이 100이 2이면 얼마가 될까요?

200 이 돼요.

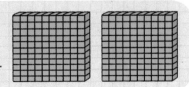

약속하기

100이 2이면 200입니다.
200은 이백이라고 읽습니다.

활동2 반짝이는 학용품을 사기 위해 지갑을 열고 동전을 꺼내 보았어요. 반짝이의 지갑에 있는 동전을 세어 볼까요?

	100
	200
	300
	400
	500
	600
	700

100이 3이면 300이에요.

100이 5이면 500이에요.

100이 7이면 700이에요.

그럼 반짝이가 가지고 있는 돈은 모두 얼마인가요?

100원짜리 동전이 7개 있으므로 700 원이에요.

활동3 다음의 수 모형 한 개는 낱개 모형이 100개 모여 있으므로 100을 나타내지요. 수 모형이 6개 있으면 600이라고 쓰고 육백이라고 읽어요.

수 모형을 보고 알맞은 수와 말을 써넣어 볼까요?

쓰기 : **600**	쓰기 : 700	쓰기 : 800	쓰기 : 900
읽기 : 육백	읽기 : 칠백	읽기 : 팔백	읽기 : 구백

마무리

어떤 학용품을 몇 개씩 사고 싶은지 생각해 보고 학용품을 사려면 얼마의 용돈이 필요한지도 생각해 봐.

익히기 문제

1 100원짜리 동전 모형을 그려 보시오.

300원	
500원	
800원	

2 다음이 나타내는 수를 읽어 보시오.

400	600	900

세 자리 수를 알 수 있어요

생각 열기 반짝이는 장난감 가게로 뛰어가다가 그만 넘어지고 말았어요. 그런데 반짝이가 넘어지면서 장난감 상자에 있던 공들이 와르르 쏟아졌어요.

반짝이는 장난감 공들을 원래대로 상자에 다시 잘 담을 수 있을까요?

활동 1 도우미 아저씨가 반짝이를 도와주러 왔어요. 반짝이는 죄송한 마음
에 장난감 공을 함께 정리하기로 했어요.
바닥에 쏟아진 장난감 공이 모두 몇 개인지 어떻게 셀 수 있을까요?
우선 2개씩 묶어서 셀 수 있어요.
조금 더 많이 묶어서 셀 수도 있을까요?
5개, 10개, 20개, 더 많이씩 묶어서
다양한 방법으로 셀 수도 있어요.
이제 장난감 공을 세어 볼까요?
먼저 장난감 공을 10개씩 묶어서
세면 십 모형 12개와 낱개 모형
3개로 놓을 수 있어요.
십 모형이 너무 많은데 백 모형으로 바꾸어 주면 어떨까요?
십 모형 10개는 백 모형 1개로 바꾸어 줄 수 있어요.

> 가장 쉽고 빠르게 세는 방법은 10개씩 묶어서 세는 거야. 10개씩 묶어 세고 일의 자리 숫자와 십의 자리 숫자에 맞추어 수를 읽으면 전체 개수가 되기 때문이야.

😊 장난감 공을 수 모형으로 그려 볼까요?

백 모형	십 모형	낱개 모형

😊 장난감 공은 모두 몇 개일까요?
백 모형이 1개, 십 모형이 2개, 낱개 모형이 3개이므로 모두 | 123 |개예요.

활동 2 반짝이는 도우미 아저씨를 도와서 쏟아진 장난감 공을 모두 정리할 수 있었어요. 그런데 도우미 아저씨의 수첩에는 125라고 쓰여져 있어요.

125에서 1은 백의 자리 숫자이고 100을 나타내요. 2는 십의 자리 숫자이고 20을 나타내요. 5는 일의 자리 숫자이고 5를 나타내요.

백의 자리	십의 자리	일의 자리
1	2	5

백의 자리	십의 자리	일의 자리
1	0	0
	2	0
		5

125는 어떻게 만들어진 수일까요?
백의 자리 숫자 1은 100, 십의 자리 숫자 2는 20, 일의 자리 숫자 5는 5니까 이것을 모두 더해서 100+20+5=125가 되었어요.

$$125 = \boxed{100} + \boxed{20} + \boxed{5}$$

아저씨가 공은 원래 125개가 있었대요. 그런데 123개밖에 찾지 못했어요. 아, 저쪽에 장난감 공 2개가 보여요. 반짝이는 얼른 공을 주워서 아저씨에게 가져다 주었어요. 장난감 공은 모두 125개가 되었어요.

약속하기

100이 1	10이 2	1이 5
백	이십	오

100이 1, 10이 2, 1이 5이면 125입니다.
125는 백이십오라고 읽습니다.

마무리

익히기 문제

1 100이 **7**, 10이 **3**, 1이 **4**인 수를 쓰고 읽어 보시오.

_____

창의 **수학!** 100개가 넘는 물건들을 정확히 세려면 10개씩 묶어 세는 것이 필요해요. 문제가 있을 때 무작정 풀려고만 하면 마치 엉킨 실을 더 엉키게 하는 것과 같아요. 이럴 때는 한 걸음 물러서서 문제를 해결하기 위한 전략과 방법을 곰곰이 생각해 보는 습관을 길러 봐요.

2 나는 얼마입니까?

- 세 자리 수입니다.
- 각각의 숫자는 모두 다릅니다.
- 십의 자리 숫자는 **8**입니다.
- 십의 자리 숫자와 백의 자리 숫자를 더하면 일의 자리 숫자가 됩니다.

뛰어서 셀 수 있어요

생각 열기 반짝이는 어머니와 함께 채소와 과일을 사러 채소 과일 가게로 갔어요. 와! 싱싱한 야채와 과일들이 종류별로 가득 쌓여 있어요. 반짝이와 부모님은 무엇을 살까 생각하다가 새콤달콤 맛있는 귤을 사기로 했어요.

활동1 귤이 상자와 봉지에 잘 담겨 포장되어 있어요. 상자에는 100개씩 들어 있고 비닐봉지에는 10개씩 들어 있어요. 그리고 낱개로 진열되어 있는 귤도 있어요. 귤이 모두 몇 개나 있는지 한 번 세어 볼까요?

😊 먼저 한 상자에 100개씩 들어 있는 귤 상자가 모두 9상자가 있어요. 한 상자씩 차례로 세어 볼까요?

100-200- 300 -400- 500 - 600 -700- 800 -900

모두 900개예요.

😊 100개씩 들어 있는 귤 상자가 1개씩 많아질 때마다 어느 자리 숫자가 커지고 있나요?

백의 자리 숫자가 1씩 커지고 있어요.

😊 한 봉지에 10개씩 들어 있는 귤 봉지가 모두 9봉지 있어요. 계속 이어서 세어 볼까요?

910- 920 -930- 940 - 950 -960- 970 -980-990

모두 990개예요.

😊 10개씩 들어 있는 귤 봉지가 1개씩 많아질 때마다 어느 자리 숫자가 커지고 있나요?

십의 자리 숫자가 1씩 커지고 있어요.

😊 낱개로 진열되어 있는 귤도 모두 세어 볼까요?

991-992- 993 - 994 -995- 996 -997- 998 -999

모두 999개예요.

귤의 개수가 1개씩 많아질 때마다 일의 자리 숫자가 1씩 커지고 있어요.

귤은 900개, 90개, 9개를 모두 합하면 999개예요.

😊 그런데 반짝이는 갑자기 궁금한 점이 한 가지 생겼어요. 귤이 모두 **999**개 있는데 **1**개가 더 있으면 몇 개가 되는 것일까요?

99 다음의 수는 **100**이에요. **999** 다음의 수도 같은 방법으로 생각할 수 있어요. 그래서 1000 이 돼요.

약속하기

999 다음의 수는 1000입니다.
1000은 천이라고 읽습니다.

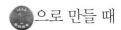 반짝이는 우리 주변에서 **1000**을 어디에서 볼 수 있을지 생각해 보았어요. 반짝이는 지갑 속에 있는 **1000**원짜리 지폐가 떠올랐어요. 지갑을 열어 지폐를 살펴보니 **1000**이라고 쓰여져 있어요.

😊 **1000**원을 만들 수 있는 방법을 생각해 볼까요?

으로 만들 때

> **1**원짜리 동전 1000 개가 있으면 **1000**원이 됩니다.

으로 만들 때

> **10**원짜리 동전 100 개가 있으면 **1000**원이 됩니다.

으로 만들 때

> **100**원짜리 동전 10 개가 있으면 **1000**원이 됩니다.

으로 만들 때

> **500**원짜리 동전 2 개가 있으면 **1000**원이 됩니다.

😊 **500**원과 다른 동전을 이용하여 어떻게 **1000**원을 만들지 그려 볼까요?

익히기 문제

1 10씩 뛰어서 세어 보시오.

330 – ☐ – 350 – ☐ – ☐ – 380 – 390 – ☐

2 100씩 뛰어서 세어 보시오.

342 – ☐ – ☐ – 642 – 742 – ☐ – 942

3 1000원으로 500원짜리 색종이를 사고 거스름돈을 받는 여러 가지 경우를 2가지 이상 써 보시오.

정답 **1** 340, 360, 370, 400　**2** 442, 542, 842
3 예) 100원짜리 5개로 500원 받기, 500원짜리 1개로 500원 받기 등

1. 세 자리 수 **27**

두 수의 크기를 비교할 수 있어요

생각열기 꼬르륵 꼬르륵, 반짝이의 배 속에서 나는 소리예요. 반짝이는 부모님과 함께 잠시 쉬면서 분식집에서 간식을 먹기로 했어요. 와! 반짝이가 좋아하는 맛있는 간식들이 많이 있어요. 매콤한 떡볶이, 맛있는 어묵, 케첩을 바른 핫도그도 있어요.

맛있는 간식

떡볶이 1,000원
핫도그 650원
어묵 550원

활동 1 떡볶이는 가격이 1000원이에요. 지금까지 배운 수 중에서 가장 큰 수니까 떡볶이가 가장 비싸요.

그럼 핫도그와 어묵은 어느 것이 더 비싼 것일까요?

핫도그의 가격은 650원이에요. 이것을 동전으로 놓아 보면 100원짜리가 6개이고 10원짜리가 5개예요.

어묵의 가격은 550원이에요. 이것을 동전으로 놓아 보면 100원짜리가 5개이고 10원짜리가 5개예요.

😊 핫도그와 어묵의 가격을 동전 모형으로 그려 볼까요?

😊 650과 550 중에서 어느 수가 더 클까요?

650은 백의 자리 숫자가 $\boxed{6}$ 이고 550은 백의 자리 숫자가 $\boxed{5}$ 예요. 6이 5보다 더 큰 수이므로 650이 550보다 더 큰 수예요. 그리고 두 수의 크기를 비교하여 '650은 550보다 큽니다.'라고 말하고, 650 > 550이라고 써서 나타내지요. 반대로 '550은 650보다 작습니다.'라고 말하고, 550 < 650이라고 써서 나타내지요.

😊 두 수의 크기를 비교해 볼까요?

쏙쏙 두 수의 크기를 나타내는 기호인 >, < 는 마치 악어가 더 큰 수 쪽으로 입을 벌리고 있는 것처럼 생각하면 더 쉽게 기억할 수 있을 거예요.

생각열기 부모님이 음식을 주문하고 번호표를 받아 왔어요. 딩동~ 번호판 번호가 바뀔 때마다 반짝이는 자꾸만 번호판을 쳐다보게 돼요.

👶 세 자리 수로 된 수의 크기를 비교하는 방법을 함께 알아볼까요?
가장 앞에 있는 자릿수부터 숫자를 비교해 봐요.
세 자리 수에서는 가장 앞에 있는 것이 백의 자리니까 백의 자리 숫자부터 비교해 보면 되는데 백의 자리 숫자가 큰 수가 더 큰 수예요.

730 ⟩ 630

> 수의 크기를 비교한다는 것은 어느 수가 더 크고 작은지 알아보는 거야.

만약 백의 자리 숫자가 같다면 바로 아랫자리인 십의 자리 숫자를 같은 방법으로 비교해 보면 돼요.

278 ⟨ 283

십의 자리 숫자마저도 같다면 마지막으로 일의 자리 숫자를 같은 방법으로 비교해 보면 돼요.

436 ⟨ 438

두 수의 크기를 비교할 때 자릿수가 다르면 자릿수가 더 많을수록 더 큰 수예요.

1 두 수의 크기를 비교하여 ○ 안에 〉, 〈를 알맞게 써넣으시오.

421원

332원

백의 자리	십의 자리	일의 자리
7	2	5

백의 자리	십의 자리	일의 자리
7	2	6

문제를 풀어 봅시다

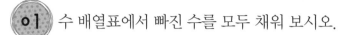

01 수 배열표에서 빠진 수를 모두 채워 보시오.

131	132	133					138	139	
141	142	143				147	148	149	
151				155	156	157			
						167	168	169	170

02 분홍색 가로줄은 얼마씩 뛰어서 센 것입니까?

03 파란색 세로줄은 얼마씩 뛰어서 센 것입니까?

04 다음 숫자들에는 어떤 규칙이 있는지 규칙을 써 보시오.

> 38 - 88 - 138 - 188 - 238 - 288

05 규칙을 찾아 □ 안에 알맞은 수를 써넣으시오.

926 - 930 - □ - 938 - □

※ 그림을 보고 물음에 답하시오. (06~07)

257명   261명

06 청군과 백군 중 누가 더 많습니까?

07 청군과 백군의 학생 수의 크기를 비교하여 ○ 안에 >, <를 알맞게 써 넣으시오.

257 ◯ 261

08 다음은 두 수의 크기를 비교하는 방법에 대한 설명입니다. □ 안에 알맞을 말을 써넣으시오.

> ☐ 의 자리 숫자부터 비교하고, 백의 자리 숫자가 같으면 ☐ 의 자리 숫자끼리, 십의 자리 숫자가 같으면 ☐ 의 자리 숫자끼리 비교합니다.

암호를 풀어라

옛날 옛날에 뭐든지 금새 잊어버리는 깜빡이 공주가
살고 있었어요.

어느 날 임금님은 중요한 물건 하나를 공주에게 잘
간직할 것을 부탁하면서 전쟁에 나가게 되었어요.

공주는 아버지께서 돌아오실 때까지 그 물건을 잊지
않고 잘 간직하기 위해 비밀 금고 깊숙이 잘 넣어 두
었답니다.

드디어 임금님이 전쟁에서 돌아와 공주를
불러 그 물건을 가져오라고 했어요.

그런데 깜빡이 공주는 도무지 비밀 금고의
암호가 생각이 나지 않았어요.

이 사실을 안 임금님은 비밀 금고를 열 수 있는 암호
전문가들을 모두 불러 모았답니다. 비밀 금고의 암
호는 무엇일까요?

변하는 자리와 변하지 않는 자리를 생각해 봐.
70씩 뛰어 세기를 하니까 십의 자리 숫자는 7씩
커지기도 하고 작아지기도 하지만 일의 자리
숫자는 변하지 않아.

🌸 비밀 금고의 암호는 세 자리 수 4개입니다. 세 자리 수는 70씩 뛰어 세었다고 합니다. 과연
비밀 금고의 암호는 무엇일까요?

3 ☐ ☐ – ☐ ☐ 8 – ☐ 5 ☐ – ☐ ☐ ☐

🌸 뛰어 세기를 이용하여 나만의 암호를 만들어 볼까요?

☐ ☐ ☐ – ☐ ☐ ☐ – ☐ ☐ ☐ – ☐ ☐ ☐

정답 318, 388, 458, 528

매듭으로 나타낸 수 이야기

먼 옛날 잉카 사람들은 매듭을 이용하여 수를 나타내었다고 해요. 1개에서 9개의 매듭을 만들어 1부터 9를 나타내도록 했어요. 그럼 세 자리수는 어떻게 나타냈을까요?

백의 자리 숫자만큼 매듭을 만들고 십의 자리 숫자의 매듭은 백의 자리 숫자와 띄워서 매듭을 만들었다고 해요. 같은 방법으로 일의 자리 숫자는 십의 자리 숫자와 띄워서 매듭을 만들었겠지요.

매듭이 나타내는 수는 405일까요? 아니면 45일까요? 백의 자리에는 매듭을 4개 만들었고 십의 자리는 아무것도 없이 띄웠고 다음으로 일의 자리에는 매듭을 5개 만들었으니까 405를 나타내고 있어요. 그런데 45라고 한 이유는 아마도 0의 의미를 몰랐거나 띄워 매듭을 묶은 표시가 정확하지 않아서 그랬을 것 같아요. 지금은 0이 있어서 405와 45를 혼동하는 일이 없지만 옛날 사람들은 0이 없어서 수를 서로 혼동해 불편한 경우도 많았다고 해요.

2 여러 가지 도형

- 원을 알 수 있어요
- 삼각형을 알 수 있어요
- 사각형을 알 수 있어요
- 오각형, 육각형을 알 수 있어요
- 도형을 만들 수 있어요
- 규칙을 찾을 수 있어요

유리와 친구들이 길을 잃고 헤매던 중 5개의 큰 문을 보았어요.

그런데 문의 모양이 전부 다 달랐어요.

○ 모양, △ 모양, □ 모양, ⬠ 모양, ⬡ 모양이었어요.

"얘들아, 우리 한번 들어가 보자!"

친구들이 어느 문부터 열고 들어갔는지 따라가 볼까요?

원을 알 수 있어요

생각 열기 길을 잃은 유리와 친구들은 먼저 ○ 모양의 나라에 도착했어요. 그런데 이곳에 있는 모든 것들은 동그란 모양으로 되어 있었어요. 아이도, 어른도, 집도, 자동차도, 모든 게 동그란 모양이었어요.

찌그러지지도 길쭉하지도 않은 아주 동그란 모양들이네.

○ 모양의 나라에 살고 있는 사람들은 누구일까요?

○ 모양의 나라에는 어떤 것들이 있는지 더 찾아볼까요?

집, 연못, 나무가 있어요.

활동 1 동그란 집에서 동글이라는 친구가 나왔어요. 동글이는 유리와 친구들에게 '원'을 가르쳐 주었어요. 동글이에게 원에 대하여 설명을 들은 친구들은 각자 가방에 있는 물건을 이용하여 원을 그리기 시작하였어요. 음료수 캔, 풀, 컵 등 여러 가지 물건으로 원을 그렸어요.

그림과 같이 동그란 모양의 도형을 원이라고 합니다.

🌸 주변의 물건을 이용하여 원을 그려 볼까요?

활동 2 동글이와 친구들은 원을 이용하여 재미있는 그림을 그렸어요. 쓱싹 쓱싹, 원들이 모여 눈사람과 쥐와 원숭이가 되었어요.

🌸 다음은 친구들이 그린 그림이에요. 재미있는 이름을 붙여 볼까요?

😊 동글이는 어떤 그림을 그렸을까요? 여러분이 동글이라고 생각하고 크기가 다양한 원을 이용하여 재미있는 그림을 그리고 이름도 붙여 볼까요?

활동 2 동글이는 친구들에게 집으로 돌아갈 수 있는 방법을 알려 주었어요. 그것은 바로 원 나라 임금님께서 내는 문제의 정답을 맞히면 소원을 하나씩 들어 준다는 거예요. 친구들은 곧장 달려가 문제를 풀었어요.

😊 주변에서 여러 가지 원 모양을 찾아보고 원의 특징을 이야기해 볼까요?
원은 크기는 서로 다르지만 생긴 모양이 서로 　같아요　. 그리고 어느 방향으로 보아도 　똑같은　 모양이에요. 또, 곧은 선이 없어요.

마무리

익히기 문제

1 다음에서 원을 고르시오.

2 그림을 보고 원이 몇 개인지 써넣으시오.

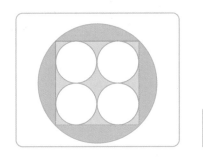

[   ] 개

정답 **1** ● **2** 5

삼각형을 알 수 있어요

생각열기 원 나라 임금님께서 알려 주신 대로 유리와 친구들은 기하판 아저씨를 만나기 위해 △ 모양의 나라로 왔어요. 놀랍게도 △ 모양의 나라는 모든 게 △ 모양이었어요.

모든 선이 곧은 선으로 이루어져 있어.

△ 모양의 나라에 살고 있는 사람은 누구인가요?

△ 모양의 나라 사람들은 곧은 선이 **3**개로 되어 있어요.

△ 모양의 나라에는 어떤 것들이 있는지 더 찾아볼까요?

자동차, 집, 산, 나무 등이 △ 모양으로 되어 있어요.

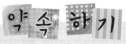

그림과 같은 모양의 도형을 삼각형이라고 합니다.

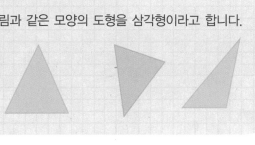

주변에서 삼각형 모양으로 된 것을 찾아봐.

활동 ① △ 모양을 무엇이라고 하나요?

우리가 찾은 △ 모양의 도형을 삼각형이라고 해요.

삼각형에서 곧은 선을 변이라고 해요.

삼각형에는 변이 **3**개 있어요.

삼각형에서 곧은 선과 곧은 선이 만난 부분을 꼭짓점이라고 해요.

삼각형에는 꼭짓점이 **3**개 있어요.

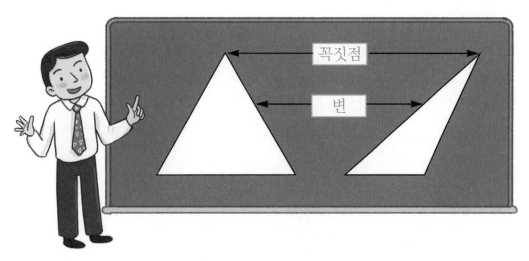

활동 2 유리와 친구들은 △ 모양의 나라를 돌아다니다가 드디어 기하판 아저씨를 만나게 되었어요.

기하판 아저씨는 □ 모양이잖아?

안녕! 나와 같은 기하판 위에 다양한 삼각형을 만들 수 있어. 우리 기하판들은 삼각형 나라에도 살 수 있단다.

□ 모양의 기하판 아저씨께 집으로 돌아가는 방법에 대해 물어보았더니 자신이 내는 문제의 정답을 맞히면 알려 주겠다고 하셨어요.

👀 점 종이 위에 삼각형을 그려 볼까요?

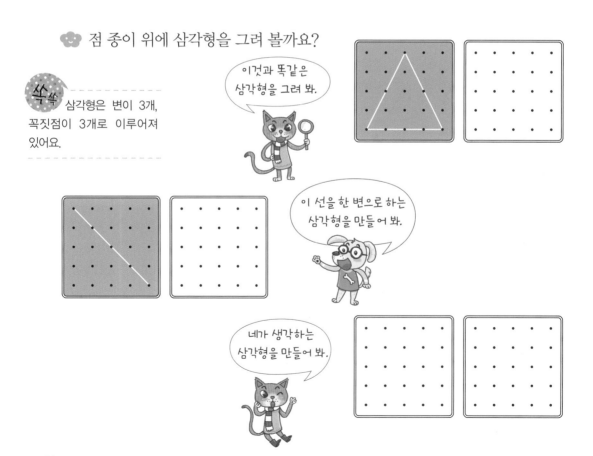

쏙쏙 삼각형은 변이 3개, 꼭짓점이 3개로 이루어져 있어요.

이것과 똑같은 삼각형을 그려 봐.

이 선을 한 변으로 하는 삼각형을 만들어 봐.

네가 생각하는 삼각형을 만들어 봐.

마무리

익히기 문제

1 다음 도형의 변과 꼭짓점의 개수를 구하시오.

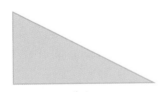

2 점 종이 위에 서로 다른 삼각형을 그리시오.

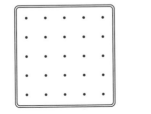
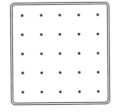

사각형을 알 수 있어요

생각 열기 ☐ 모양의 나라에서 살고 있는 기하판 아저씨가 친구들이 집으로 돌아갈 수 있는 지도를 가지고 있다고 알려 주었어요. 친구들은 곧장 ☐ 모양의 나라로 갔어요.

> ☐ 모양의 나라에 있는 모든 것들은 모두 곧은 선으로 되어 있어.

☐ 모양의 나라에 살고 있는 사람들은 누구일까요?

☐ 모양의 나라에 사는 사람들은 곧은 선이 **4**개로 되어 있어요. 곧은 선이 있지 않은 사람은 ☐ 모양 나라의 사람이 아니에요.

☐ 모양의 나라에는 어떤 것들이 있는지 더 찾아볼까요?

버스, 자동차, 집, 나무 등이 ☐ 모양으로 되어 있어요.

 하기

그림과 같은 모양의 도형을 사각형이라고 합니다.

주변에서 사각형 모양으로 된 것을 찾아봐.

활동 ❶   □ 모양을 무엇이라고 하나요?

우리가 찾은 □ 모양의 도형을 사각형이라고 해요.

사각형에서 곧은 선을 변이라고 해요.

사각형에는 변이 **4**개가 있어요.

사각형에서 뾰족한 부분을 꼭짓점이라고 해요.

사각형에는 꼭짓점이 **4**개가 있어요.

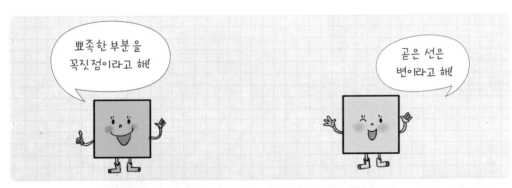
뾰족한 부분을 꼭짓점이라고 해!

곧은 선은 변이라고 해!

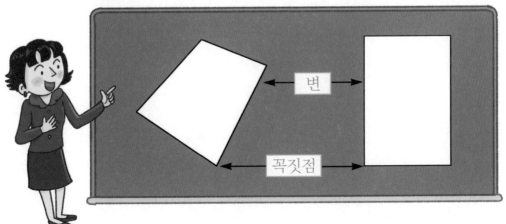
변

꼭짓점

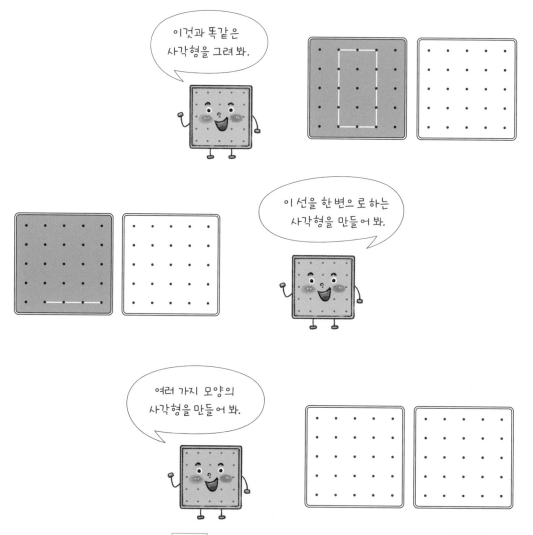

활동 ② 유리와 친구들은 삼각형 나라의 기하판 아저씨께서 알려 주신 대로 사각형 나라의 기하판 아저씨를 찾아갔어요. 기하판 아저씨께서는 점 종이 위에 설명하는 사각형을 모두 그리면 집으로 돌아가는 지도를 주겠다고 하셨어요.

😊 점 종이 위에 사각형을 그려 볼까요?

이것과 똑같은 사각형을 그려 봐.

이 선을 한 변으로 하는 사각형을 만들어 봐.

여러 가지 모양의 사각형을 만들어 봐.

삼각형은 변과 꼭짓점이 ⏹3 개씩이지만 사각형은 변과 꼭짓점이 ⏹4 개씩 이에요. 기하판 아저씨께서는 잘 그렸다고 칭찬을 하며 집으로 돌아갈 수 있는 지도를 주셨어요.

마무리

익히기문제

1 다음 도형의 변과 꼭짓점의 개수를 구하시오.

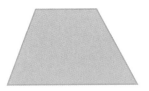

쓱쓱

사각형의 개수를 셀 때는 작은 사각형과 큰 사각형의 개수를 합해야 해요.

2 다음 그림은 사각형이 몇 개입니까?

정답 **1** 변-4개, 꼭짓점-4개 **2** 3

오각형, 육각형을 알 수 있어요

생각열기 유리와 친구들은 기하판 아저씨께서 주신 지도를 보며 집으로 돌아가는 길에 새로운 도형 나라를 만나게 되었어요. 이곳에는 나무도, 건물도 모두 ⬠ 모양이에요.

> 오각형 모양의 나라는 모든 것이 곧은 선이 다섯 개로 되어 있어.

⬠ 모양의 나라에 살고 있는 사람들은 누구일까요?

오각형 모양의 나라에 사는 사람들은 곧은 선이 다섯 개로 이루어져 있어요.

⬠ 모양의 나라에는 어떤 것들이 있는지 더 찾아볼까요?

집, 나무, 자동차 등이 ⬠ 모양으로 되어 있어요.

삼각형, 사각형, 오각형, 육각형의 첫 글자는 변의 개수를 뜻해!

맞아, 그리고 꼭짓점의 개수와도 같아!

약속하기

변이 5개인 도형을 오각형이라고 합니다.
변이 6개인 도형을 육각형이라고 합니다.

활동 1 ⬠ 모양 나라의 사람은 ⬠ 모양을 오각형이라고 부른다고 이야기해 주었어요. ⬠ 모양은 변이 5개, 꼭짓점이 5개씩 있었어요. 또 변이 6개, 꼭짓점이 6개인 ⬡을 육각형이라고 부른다는 것도 알려 주었어요.

점 종이 위에 오각형과 육각형을 그려 볼까요?

오각형은 변이 5개, 꼭짓점이 5개야.

이 선을 한 변으로 하는 오각형을 그려 봐.

육각형은 변이 6개, 꼭짓점이 6개야.

이 선을 한 변으로 하는 육각형을 그려 봐.

활동**2** 삼각형은 변과 꼭짓점의 개수가 세 개예요. 변과 꼭짓점의 개수가 네 개면 사각형, 변과 꼭짓점의 개수가 다섯 개면 오각형, 변과 꼭짓점의 개수가 여섯 개면 육각형이 돼요. 사각형, 오각형, 육각형의 특징을 잘 이해하였나요?

꼭짓점의 개수를 하나씩 늘려 가며 각각의 도형을 점 종이 위에 그려 볼까요?

마무리

변이 5개, 꼭짓점이 5개인 도형이 오각형인데, 우리 주변에 무엇이 오각형일까?

축구 공!

축구공에는 육각형 모양도 있네!

연필은 육각형이야. 변이 6개, 꼭짓점이 6개지.

익히기 문제

창의 수학! 삼각형, 사각형, 오각형, 육각형의 첫 글자는 변의 수를 뜻해요. 변이 8개이면 팔각형이라고 부르면 돼요.

1 다음 도형의 변과 꼭짓점의 개수를 구하시오.

구분	⬠	⬡
변의 개수		
꼭짓점의 개수		

2 다음의 2개의 선을 변으로 하는 오각형과 육각형을 그려 보시오.

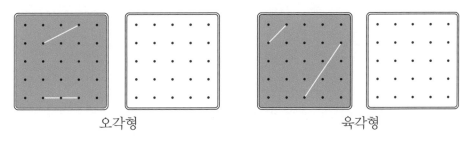

오각형   육각형

도형을 만들 수 있어요

생각열기 오각형 모양의 나라와 육각형 모양의 나라를 둘러본 유리와 친구들은 다시 집을 향해 출발했어요. 서둘러 가는 도중 익숙한 도형들을 보았어요. 삼각형과 사각형들이에요. 하나, 둘, 셋, 넷, 다섯, 여섯, 일곱! 모두 **7**조각이에요. 아하, 삼각형 **5**개와 사각형 **2**개로 이루어진 칠교판이군요.

이것은 삼각형 **5**개, 사각형 **2**개로 이루어진 칠교판이야.

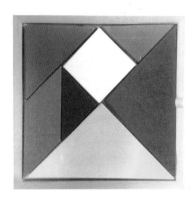

🌸 칠교판은 길이가 같은 변끼리 붙여 여러 가지 도형을 만들 수 있어요. 다음 두 조각으로 여러 가지의 삼각형과 사각형을 만들어 볼까요?

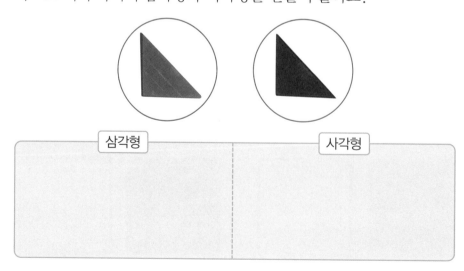

삼각형	사각형

😊 다음 세 조각으로 여러 가지의 삼각형과 사각형을 만들어 볼까요?

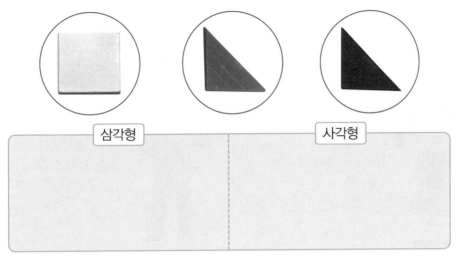

삼각형	사각형

😊 칠교판을 이용하여 다양한 모양 만들기 놀이를 해 볼까요?

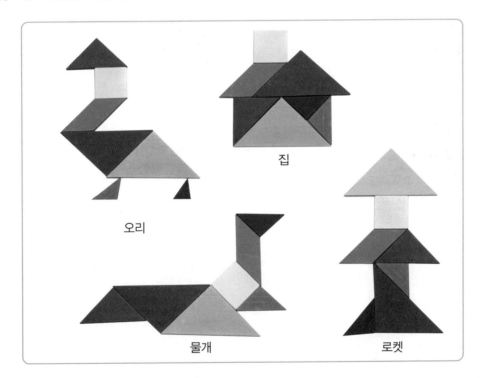

오리

집

물개

로켓

창의
수학! 칠교판은 탱그램이라고도 해요. 7개
의 도형을 가지고도 많은 건물이나
동물 등 많은 대상을 표현해 낼 수 있어요.

활동2 친구들은 각자가 자신이 좋았던 도형 나라들의 왕이 되어서 좋은 점과 불편한 점을 이야기해 보기로 했어요. 여러분은 어떤 도형 나라의 왕이 되어 보고 싶나요? 친구들의 이야기를 들어 볼까요?

원 나라는 가만히 있어야 할 물건들이 굴러가게 되어 불편하지만 빨리 움직일 수 있어서 좋아.

삼각형 나라는 뾰족한 부분이 있어서 다치기 쉽고 움직일 때 힘이 들어서 불편하지만 굴러가지 않게 세울 수 있어서 좋아.

사각형 나라는 안전하게 고정할 수 있어서 좋지만 움직일 때 불편해.

오각형 나라는 특이하고 재미난 모양이 많고 사각형보다 쉽게 움직일 수 있어서 좋지만 꼭짓점이 너무 많아.

각 나라의 대표가 되어 좋은 점과 불편한 점을 생각해 보고 불편한 점을 어떻게 고치면 좋을지 써 볼까요?

난 (   ) 나라의 대표야.

_____

_____

생각해.

마무리 친구들은 여러 가지 도형이 함께 어우러진 새로운 도형 나라의 물건을 그리고 그것의 이름을 지어 보았어요.

여러 가지 도형이 함께 어우러진 도형 나라의 물건을 그리고 이름을 지어 볼까요?

☆ 내가 만든 도형 나라의 물건 이름 ⬜

규칙을 찾을 수 있어요

생각 열기 집으로 가는 길에 놓여져 있는 블록을 보니 도형 나라에서 보았던 도형들이에요. 친구들은 블록을 살펴보며 집으로 발걸음을 옮겼어요.

그런데 중간에 블록이 하나 비어 있어요. 어떤 모양의 블록이 비어 있는 것일까요?

활동 ① 유리와 친구들은 천천히 규칙을 찾아보기 시작했어요. 어떤 규칙으로 이루어져 있는 것일까요?

🌸 비어 있는 블록에 어떤 모양이 들어가야 할까요?

유리와 친구들은 비어 있는 모양의 블록이 삼각형 모양인 것을 찾았어요. 그리고 비어 있는 블록의 칸에 삼각형 모양을 그려 넣었어요.

유리와 친구들은 계속해서 집으로 향해 걸었어요. 열심히 걸어가던 길에 학교 운동장에 걸려 있는 만국기를 보았어요. 만국기 역시 친구들이 도형 나라에서 보았던 도형들로 이루어져 있었어요.

🌼 첫번째 줄의 만국기를 걸어 놓은 규칙을 찾아볼까요?

원, 오각형, 사각형 이 반복되는 규칙이에요.

🌼 두 번째 줄의 만국기를 걸어 놓은 규칙을 찾아 모양을 그려 볼까요?

삼각형, 육각형 , 사각형이 반복되는 규칙이에요.

마무리

규칙을 살펴 볼 때에는 앞과 뒤를 잘 살펴봐야 해.

다음에 들어갈 그림은 무엇이 될까?

음~

원, 삼각형, 사각형이 반복적으로 배열되어 있으니까 다음에 들어갈 도형은 바로 사각형이야!

창의 수학! 규칙을 찾을 때는 앞과 뒤를 살펴보고 색깔이 있는 경우 색깔의 규칙도 살펴봐야 해요.

익히기 문제

1 규칙에 따라 빈칸에 알맞은 도형을 그리고, 규칙을 설명하시오.

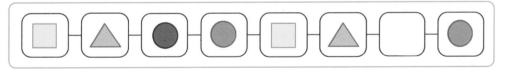

2 자신이 정한 규칙을 만들어서 도형을 그려 보시오.

정답 **1** 노란색 사각형, 하늘색 삼각형, 빨간색 원, 초록색 원이 반복되는 규칙입니다.
2 생략

문제를 풀어 봅시다

01 오른쪽 그림과 같은 동그란 모양의 도형을 원이라고 합니다. 우리 주변에서 볼 수 있는 원 모양의 물건을 **3**가지 써 보시오.

- -

02 그림에는 삼각형 모양이 몇 개가 있는지 구하시오.

 개

03 서로 다른 사각형 **2**개를 그려 보시오.

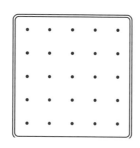 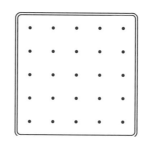

사각형은 변이 **4**개, 꼭짓점이 **4**개인 곧은 선으로 이루어진 도형이야.

04 다음 빈칸에 들어갈 알맞은 수를 쓰시오.

구분	삼각형	사각형	오각형	육각형
변의 개수				
꼭짓점의 개수				

05 다음은 어떤 도형에 대한 설명인지 바르게 써 보시오.

> • 동그란 모양으로 어느 방향에서 보아도 모양이 같습니다.
> • 굽은 선으로 되어 있습니다.
> • 꼭짓점과 변이 없습니다.

(   )

06 다음 그림을 보고 규칙을 찾아 빈칸에 그려 넣고 찾은 규칙을 설명해 보시오.

어떤 순서로 반복적으로 나타냈는지 살펴봐!

빈칸에 들어갈 도형 :
- -

찾은 규칙:
- -

도형 만들기

유리와 친구들은 놀이 공원에 갔어요. 놀이 공원에는 '도형 만들기 놀이방'이
있었어요. 유리와 친구들은 도형 만들기 놀이에 도전해 보기로 했어요.

🌸 다음 그림을 사각형 4개와 삼각형 3개로 나누려면 어떻게 해야 할까요?

삼각형은 **3**개의 변으로 이루어진 도형이고 사각형은 **4**개의 변으로 이루어진
도형이에요.

🌸 다음 그림처럼 여러 가지 방법으로 나눌 수 있어요. 점선을 따라 그려 볼까요?

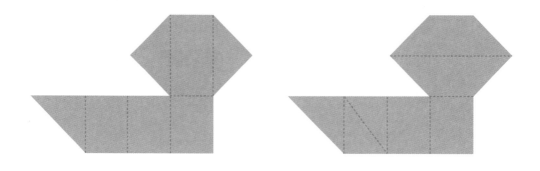

내가 바로 디자이너!

도형 나라 임금님은 옷이 마음에 들지 않았어요. 그래서 도형 디자이너들이 다시 모여 회의를 하고 힘을 합쳐 더 멋진 옷을 만들기로 했어요.

원, 삼각형, 사각형, 오각형, 육각형을 사용하여 임금님의 옷을 꾸며 볼까요?

"이번 잔치에 입을 옷을 가장 멋지게 꾸미는 도형 디자이너에게 큰 상을 내리겠노라."

― 도형 나라 임금 ―

3 덧셈과 뺄셈

- ⊙ 덧셈을 할 수 있어요 (1)
- ⊙ 뺄셈을 할 수 있어요 (1)
- ⊙ 덧셈을 할 수 있어요 (2)
- ⊙ 뺄셈을 할 수 있어요 (2)
- ⊙ 뺄셈을 할 수 있어요 (3)
- ⊙ 덧셈과 뺄셈의 관계를 알 수 있어요
- ⊙ 여러 가지 방법으로 계산할 수 있어요
- ⊙ 어떤 수를 □로 나타낼 수 있어요
- ⊙ □의 값을 구할 수 있어요
- ⊙ 세 수의 계산을 할 수 있어요

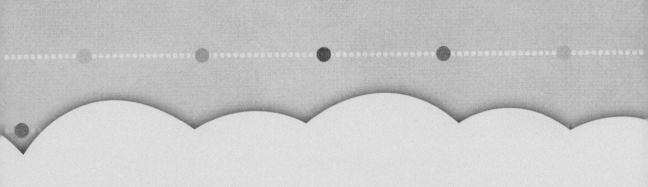

반짝이네 반 친구들이 동물원으로 소풍을 가기로 했어요.
반짝이네 반 친구들을 세어 보니 모두 왔어요.
동물원에 도착해 동물 친구들을 세어 보니 아주 많아요.
반짝이네 반 친구들은 동물원에서 재미있는 놀이도 하고
보물찾기도 했어요.
반짝이가 오늘 하루 어떻게 지냈는지 1학년 때 배웠던
덧셈과 뺄셈의 원리를 이용하여 함께 알아볼까요?

덧셈을 할 수 있어요 (1)

생각열기 오늘은 반짝이가 기다리고 기다리던 동물원으로 소풍 가는 날이에요. 반짝이가 좋아하는 귀여운 동물들도 많이 보고 선생님과 친구들과 즐거운 놀이도 많이 할 거예요. 반짝이는 너무 신나고 마음이 설레었어요. 엄마가 싸 주신 맛있는 점심 도시락도 챙겨 학교로 갔어요. 학교 가는 길에 반가운 얼굴이 보여요.

활동 1 반짝이는 짝꿍에게 달려가 인사를 하고 함께 학교로 향했어요.

학교에 도착했더니 이미 친구들이 많이 와 있었어요. 모두 15명의 친구들이 기다리고 있어요. 조금 후에 6명의 친구들이 더 왔으니까 모두 몇 명인지 알아보려면 어떻게 해야 할까요?

🌸 그림을 그려서 모두 몇 명의 친구들이 왔는지 알아볼까요?

🌸 모두 몇 명의 친구들이 왔나요?

15명에 1명을 더하면 16명이고 같은 방법으로 계속 더해 보면 16명, 17명, 18명, 19명, 20명, 21명이 되지요.

이것을 덧셈식으로 나타내어 보면 다음과 같아요.

$$15 + 6 = \boxed{21}$$

활동 2 수 모형으로 15+6을 하면 어떻게 되는지 한 번 알아볼까요?

15는 십 모형 1개와 낱개 모형 5개로 놓을 수 있어요. 15와 6을 모두 합하여 보니까 십 모형 1개와 낱개 모형은 11개가 되었어요. 낱개 모형 10개는 십 모형 1개로 바꿀 수 있어요. 그러므로 낱개 모형 11개는 십 모형 1개와 낱개 모형 1개로 간단히 나타낼 수 있어요.

🌸 15+6은 얼마인가요?

십 모형 **2**개와 낱개 모형 **1**개이므로 $\boxed{21}$ 이에요.

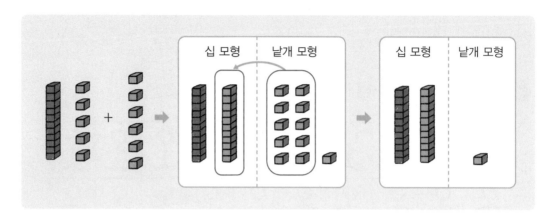

활동 ❸ 이번에는 **15+6**을 세로셈으로 덧셈하는 방법을 알아보도록 해요.
그런데 일의 자리 **5**와 **6**을 더한 **11**을 어떻게 써야 할까요?
일의 자리 수의 합이 **10**이거나 **10**보다 크면 십의 자리 수에 더해 주면 돼요.

🌸 **15+6**을 세로셈으로 계산해 볼까요?

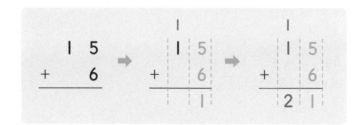

🌸 **쏙쏙** 덧셈식을 세로셈으로 나타낼 때 가장 중요한 것은 일의 자리 숫자를 한 줄에 나란히 맞춰 주어야 해요.

5와 **6**을 더해서 **11**이 되면 십 모형 **10**은 십의 자리에 받아올림 표시로 나타내고 남은 수는 일의 자리에 써 주면 돼요. 십의 자리 수는 받아올림된 수와 합하여 십의 자리에 쓰면 돼요. 따라서 $\boxed{21}$ 이 되었어요.

마무리

익히기 문제

1 □ 안에 알맞은 숫자를 써넣으시오.

$$
\begin{array}{r}
\boxed{} \\
2\ 5 \\
+\quad 8 \\
\hline
\boxed{}
\end{array}
\qquad
\begin{array}{r}
\boxed{} \\
7\ 3 \\
+\quad 9 \\
\hline
\boxed{}
\end{array}
$$

2 다음 계산에서 □ 안의 숫자 1이 실제로 나타내는 수는 얼마입니까?

$$
\begin{array}{r}
\boxed{1} \\
6\ 7 \\
+\quad 4 \\
\hline
7\ 1
\end{array}
$$

뺄셈을 할 수 있어요 (1)

생각 열기 반짝이와 반짝이네 반 친구들은 드디어 동물원에 도착했어요. 버스에서 내려 동물원 안으로 들어가기 위해 매표소 앞에 줄을 섰어요. 반짝이는 동물원에서 어떤 동물들을 만날 수 있을지 벌써부터 기대되고 기다려져요.

반짝이네 반 친구들의 하하 호호 웃음 소리에 동물원 근처에서 놀고 있던 참새들도 궁금했나 봐요. 참새들이 모두 몇 마리인지 세어 볼까요?

참새들이 모두 **22**마리나 날아왔어요.

활동① 그런데 부르릉거리는 버스 소리에 참새들이 놀랐나 봐요. 갑자기 참새 **5**마리가 후다닥 날아갔어요.

🌼 날아간 참새에 ×표 하면서 남은 참새는 몇 마리인지 알아볼까요?

🌼 남은 참새는 몇 마리일까요?

남은 참새는 **17**마리예요.

이것을 뺄셈식으로 나타내어 보면 다음과 같아요.

$$22 - 5 = \boxed{17}$$

활동② 수 모형으로 **22-5**를 하면 어떻게 되는지 한 번 알아볼까요?

22는 십 모형 **2**개와 낱개 모형 **2**개로 놓을 수 있어요.

이제 **22**에서 **5**만큼 빼 보도록 해요. 그런데 문제가 생겼어요. 낱개 모형 **2**개에서 **5**개를 뺄 수 없어요. 이럴 땐 어떻게 해야 할까요?

덧셈과 반대로 십 모형 **1**개를 낱개 모형 **10**개로 바꾸어 주면 돼요. 그래서 십 모형 **1**개를 낱개 모형 **10**개로 바꾸었더니 낱개 모형 **12**개가 되었어요.

3. 덧셈과 뺄셈　**73**

🌸 **22-5**는 얼마인가요?

십 모형 **1**개, 낱개 모형 **7**개가 남아서 $\boxed{17}$ 이에요.

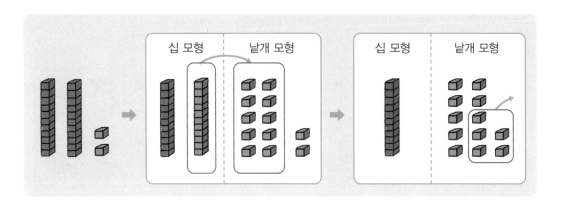

활동**3** 이번에는 이것을 세로셈으로 뺄셈하는 방법을 알아보도록 해요. 그런데 **2**에서 **5**을 뺄 수 있나요? 십의 자리 **2**에서 **10**을 일의 자리 **2**로 받아내림해 주어야 해요.

> 이럴 땐 앞에서 수 모형으로 알아본 것을 떠올려 봐.

🌸 **22-5**을 세로셈으로 계산해 볼까요?

$$
\begin{array}{r} 2\,2 \\ -\ \ 5 \\ \hline \end{array}
\rightarrow
\begin{array}{r} \overset{1}{\cancel{2}}\,\overset{10}{2} \\ -\ \ 5 \\ \hline \end{array}
\rightarrow
\begin{array}{r} \overset{1}{\cancel{2}}\,\overset{10}{2} \\ -\ \ 5 \\ \hline 7 \end{array}
\rightarrow
\begin{array}{r} \overset{1}{\cancel{2}}\,\overset{10}{2} \\ -\ \ 5 \\ \hline 1\,7 \end{array}
$$

받아내림한 **10**과 **2**를 더한 수 **12**에서 **5**를 빼면 **7**이 돼요. 그리고 십의 자리 **2**에서 일의 자리로 **10**만큼 받아내림하면 십의 자리에는 **1**이 남아요. 따라서 $\boxed{17}$ 이 되었어요.

마무리

익히기 문제

1 □ 안에 알맞은 숫자를 써넣으시오.

```
    □ □
    3̸ 3
  -   9
  ┌─────┐
  └─────┘
```

```
    □ □
    6̸ 7
  -   8
  ┌─────┐
  └─────┘
```

2 뺄셈을 하시오.

55 - 8 = ☐   81 - 3 = ☐

덧셈을 할 수 있어요 (2)

생각열기 반짝이네 친구들은 선생님을 따라 동물원 안으로 들어왔어요. 와! 정말 많은 동물 친구들이 있어요.

코가 길쭉하고 귀가 넓적한 코끼리 3마리, 얼룩무늬의 멋진 옷을 입고 있는 얼룩말 6마리, 반달 모양의 멋진 가슴을 가지고 있는 반달가슴곰 4마리, 긴 팔로 오르락내리락 나무를 타고 있는 원숭이 10마리, 수염이 멋지게 난 동물의 왕 사자도 1마리 보여요. 모두 24마리가 있어요.

활동 1 그런데 토끼 친구들이 하나, 둘, 셋, 넷…… 모두 17마리나 더 왔어요.

🌸 토끼의 수만큼 그림을 그려서 모두 몇 마리의 동물 친구들이 있는지 알아볼까요?

처음에 있던 24마리에 1마리를 더하면 25마리가 되고 같은 방법으로 계속 그림을 그리고 더해서 세어 보면 모두 41마리가 되었어요. 이것을 덧셈식으로 나타내어 보면 다음과 같아요.

$$24 + 17 = \boxed{41}$$

활동 2 이제 수 모형으로 24+17을 하면 어떻게 되는지 한 번 알아볼까요?
24는 십 모형 2개와 낱개 모형 4개로 놓을 수 있어요. 17은 십 모형 1개와 낱개 모형 7개로 놓을 수 있어요.
십 모형과 낱개 모형을 모두 모으면 십 모형 3개와 낱개 모형 11개가 돼요. 낱개 모형 10개를 십 모형 1개로 바꾸면 좀 더 간단하게 나타낼 수 있어요.

😊 24+17은 얼마인지 수 모형으로 나타내어 알아볼까요.

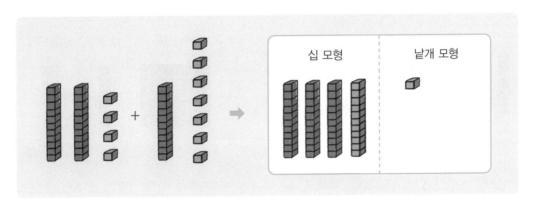

십 모형 4개와 낱개 모형 1개로 $\boxed{41}$ 이에요.

😊 24+17을 세로셈으로 계산해 볼까요?

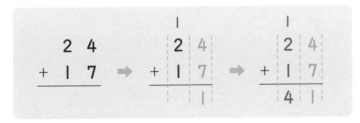

일의 자리에서 받아올림한 1은 10을 나타내.

일의 자리 4와 7을 더했더니 11이 되었어요.
일의 자리 수의 합이 10이거나 10보다 크면 10을 십의 자리로 받아올림하여
십의 자리 수에 더해 주면 돼요. 따라서 $\boxed{41}$ 이 되었어요.

활동 3 반짝이는 동물원에 있는 고슴도치와 다람쥐도 세어 보기로 했어요.

🌸 67+45는 얼마인지 수 모형으로 나타내어 볼까요?

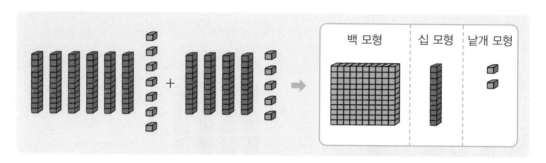

수 모형으로 **67**과 **45**를 놓으면 십 모형 **10**개와 낱개 모형 **12**개가 돼요. 그리고 낱개 모형 **10**개는 십 모형 **1**개로 바꿀 수 있어요. 같은 방법으로 십 모형 **10**개는 백 모형 **1**개로 바꾸면 되겠지요. 따라서 백 모형 **1**개, 십 모형 **1**개, 낱개 모형 **2**개로 ☐112☐ 예요.

🌸 67+45를 세로셈으로 계산해 볼까요?

$$
\begin{array}{r} 6\ 7 \\ +\ 4\ 5 \\ \hline \end{array}
\quad\Rightarrow\quad
\begin{array}{r} {}^{1} \\ 6\ 7 \\ +\ 4\ 5 \\ \hline 2 \end{array}
\quad\Rightarrow\quad
\begin{array}{r} {}^{1} \\ 6\ 7 \\ +\ 4\ 5 \\ \hline 1\ 1\ 2 \end{array}
$$

일의 자리 수의 합이 **10**이거나 **10**보다 크면 **10**을 십의 자리로 받아올림하고 십의 자리 수의 합이 **100**이거나 **100**보다 큰 수는 **100**을 백의 자리로 받아올림하여 계산해요. 따라서 ☐112☐ 가 되었어요.

마무리

익히기 문제

1 □ 안에 알맞은 숫자를 써넣으시오.

```
    □              □
  5 8            4 3
+ 1 8          + 3 9
```

창의
수학! 두 수를 덧셈으로 더하면 더 큰 수가 나와요. 지금 우리 가족들과 그리고 우리 반 친구들과 함께 어우러져 힘을 합한다면 더 멋진 우리 가족, 우리 반이 되지요. 모두가 함께 어우러져 사이좋게 지내는 멋진 친구들이 되었으면 좋겠어요.

2 덧셈을 하시오.

```
  6 2            7 9
+ 8 7          + 5 7
```

뺄셈을 할 수 있어요 (2)

생각 열기 반짝이는 선생님과 친구들과 함께 동물원 여기저기를 구경했어요.
그리고 돌고래 쇼 시간에 맞춰 공연장으로 갔어요.

돌고래가 멋지게 점프하듯이 뛰어올랐어요. 그리고는 다시 물속으로 다이빙해
요. 사람들의 박수 소리가 터져 나왔어요. 이번에는 공을 머리로 받아서 골대에
넣는 재주를 보여 주었어요.

활동 1 전체 **30**개의 공 가운데 **12**개의 공이 바닥에 떨어져 있어요. 그럼 골대 안에 넣은 공의 개수는 몇 개인지 알아볼까요?

😊 **30**개의 공 중에서 골대에 넣지 못한 공의 개수만큼 ×표 하면서 골대 안에 넣은 공은 몇 개인지 알아볼까요?

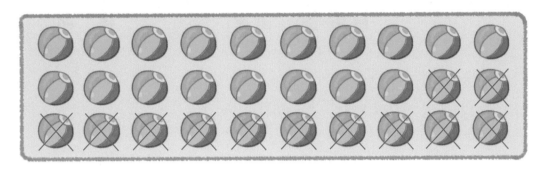

😊 골대 안에 넣은 공은 몇 개일까요?

모두 [**18**] 개예요.

이것을 뺄셈식으로 나타내어 보면 다음과 같아요.

$$30 - 12 = \boxed{18}$$

활동 2 수 모형으로 **30−12**를 하면 어떻게 되는지 알아볼까요?

30은 십 모형 **3**개로 놓을 수 있어요.

30에서 **12**만큼 빼려면 십 모형 **1**개와 낱개 모형 **2**개를 덜어 내야 해요. 그런데 **30**에는 십 모형만 **3**개가 있어서 낱개 모형 **2**개를 덜어 낼 수가 없어요. 이럴 땐 십 모형 **1**개를 낱개 모형 **10**개로 바꾸어 주면 돼요.

😊 30-12는 얼마인지 수 모형으로 나타내어 알아볼까요?

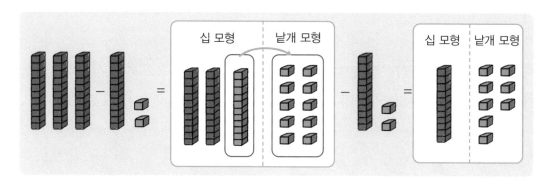

십 모형 **1**개와 낱개 모형 **8**개가 남아서 `18` 이에요.

활동❸ 이번에는 이것을 세로셈으로 뺄셈하는 방법을 알아볼까요? 그런데 **0**에서 **2**를 뺄 수가 없어요.

일의 자리 수끼리 뺄셈을 할 수 없을 때는 십의 자리에서 **10**을 받아내림하여 계산해야 해요.

😊 30-12를 세로셈으로 계산해 볼까요?

$$
\begin{array}{r} 3\ 0 \\ -\ 1\ 2 \\ \hline \end{array}
\Rightarrow
\begin{array}{r} {\overset{2}{\cancel{3}}}\ {\overset{10}{0}} \\ -\ 1\ 2 \\ \hline \end{array}
\Rightarrow
\begin{array}{r} {\overset{2}{\cancel{3}}}\ {\overset{10}{0}} \\ -\ 1\ 2 \\ \hline 8 \end{array}
\Rightarrow
\begin{array}{r} {\overset{2}{\cancel{3}}}\ {\overset{10}{0}} \\ -\ 1\ 2 \\ \hline 1\ 8 \end{array}
$$

십의 자리 **3**에서 **10**을 일의 자리로 받아내림하여 **10**에서 **2**를 빼면 **8**이지요. 그리고 십의 자리 **2**에서 **1**을 빼면 **1**이 돼요. 따라서 `18` 이 되었어요.

일의 자리로 **10**을 받아내림한 십의 자리 숫자는 **1**이 작아져.

마무리

뺄셈 나라에 들어오려면 이 문제를 풀고 뺄셈의 문을 통과하시오.

70-37

70 - 37 ??? 뺄셈은 어떻게 하더라?

뺄셈의 원리를 특별히 내가 알려 주지. 호호.

아하!

일의 자리 수끼리 뺄셈을 할 수 없으면 십의 자리에서 10을 받아내림하여 계산해 주면 되는구나!

익히기 문제

1 □ 안에 알맞은 숫자를 써넣으시오.

```
    □ □              □ □
    7 0              5 0
  -  2 8          -  3 6
  _____          _____
  [     ]          [     ]
```

2 뺄셈을 하시오.

```
    4 0              9 0
  -  2 2          -  3 5
  _____          _____
```

뺄셈을 할 수 있어요 (3)

생각열기 돌고래는 정말 재주꾼이에요. 여기저기에서 사람들의 박수 소리가 크게 터져 나오고 있어요. 돌고래들도 신이 났는지 귀여운 모습으로 함께 박수도 따라 쳐요. 자! 이제 마지막 공연만이 남았어요.

이번에는 엄마돌고래와 아기돌고래가 함께 나왔어요. 갑자기 두 마리의 돌고래가 물속에서 공중으로 점프하듯이 뛰어오르더니 훌라후프를 사뿐히 통과해서 다시 물속으로 들어갔어요. 엄마돌고래를 따라서 아기돌고래도 사뿐사뿐 잘 넘고 있어요.

활동 1 엄마돌고래와 아기돌고래가 훌라후프를 몇 번이나 넘었는지 알아볼까요? 엄마돌고래는 **35**번, 아기돌고래는 **19**번을 넘었어요.

😊 엄마돌고래가 넘은 수에서 아기돌고래가 넘은 수만큼 ×표 하면서 알아볼가요?

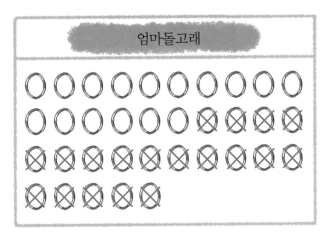

😊 엄마돌고래는 아기돌고래보다 몇 번 더 많이 훌라후프를 넘었을까요?
엄마돌고래는 **16**번 더 많이 넘었어요. 이것을 뺄셈식으로 나타내면 다음과 같아요.

$$35 - 19 = \boxed{16}$$

활동 2 수 모형으로 **35-19**를 계산하면 어떻게 되는지 한 번 알아볼까요?
35는 십 모형 **3**개와 낱개 모형 **5**개로 놓을 수 있어요.
35에서 **19**만큼 빼려면 십 모형 **1**개와 낱개 모형 **9**개를 덜어 내야 하는데 낱개 모형이 부족해요. 이럴 땐 십 모형 **1**개를 낱개 모형 **10**개로 바꾸어 주면 돼요.

💬 35-19는 얼마인지 수 모형으로 나타내어 알아볼까요?

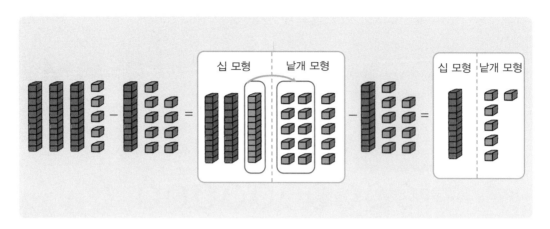

십 모형 1개와 낱개 모형 6개가 남아서 16 이 되었어요.

할동 3 35-19를 세로셈으로 뺄셈하는 방법을 알아볼까요?

일의 자리 수끼리 뺄셈을 할 수 없을 때는 십의 자리에서 10을 받아내림하여 원래 일의 자리 수를 더한 후 계산해야 해요.

💬 35-19를 세로셈으로 계산해 볼까요?

$$
\begin{array}{r} 3\ 5 \\ -\ 1\ 9 \\ \hline \end{array}
\;\Rightarrow\;
\begin{array}{r} {}^{2}\!\!\!\diagup\!\!{}^{10} \\ \diagup\!3\ 5 \\ -\ 1\ 9 \\ \hline \end{array}
\;\Rightarrow\;
\begin{array}{r} {}^{2}\!\!\!\diagup\!\!{}^{10} \\ \diagup\!3\ 5 \\ -\ 1\ 9 \\ \hline 6 \end{array}
\;\Rightarrow\;
\begin{array}{r} {}^{2}\!\!\!\diagup\!\!{}^{10} \\ \diagup\!3\ 5 \\ -\ 1\ 9 \\ \hline 1\ 6 \end{array}
$$

십의 자리 3에서 10을 일의 자리로 받아내림하여 원래 일의 자리 수 5와 더하면 15가 돼요. 그 후 9를 빼면 6이지요. 그리고 남은 십의 자리 2에서 1을 빼면 1이 돼요. 따라서 16 이 되었어요.

마무리

익히기 문제

1 ☐ 안에 알맞은 숫자를 써넣으시오.

```
    □ □              □ □
    4̷ 2              6̷ 3
  -  2 8           -  3 6
  ┌─────┐          ┌─────┐
  │     │          │     │
  └─────┘          └─────┘
```

2 뺄셈을 하시오.

```
    7 7              9 0
  - 1 8           - 3 5
```

덧셈과 뺄셈의 관계를 알 수 있어요

생각열기 야호! 이제 신나는 점심시간이에요.

도시락을 열었더니 김밥과 간식이 너무 맛있어 보여요.

반짝이 점심 도시락 속에 어떤 것들이 들어 있는지 살펴볼까요?

알록달록한 김밥이 12개, 동글동글한 방울토마토가 14개, 귀여운 동물 모양 과자가 8개 들어 있어요.

활동 1 반짝이는 방울토마토와 동물 모양 과자를 더해 보기 시작했어요.

🌸 반짝이의 점심 도시락에 있는 방울토마토와 동물 모양 과자의 개수를 덧셈식으로 나타내어 볼까요?

$$14 + 8 = \boxed{22}$$

이 덧셈식을 뺄셈식으로 바꾸려면 어떻게 해야 할까요?

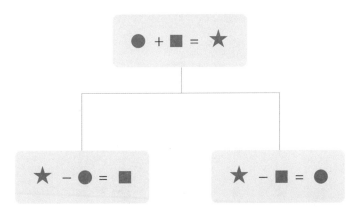

부분(●)과 부분(■)을 더해 전체(★)가 되는 덧셈식에서 전체(★)에서 한 부분(● 또는 ■)을 빼면 다른 부분(■ 또는 ●)이 남는 뺄셈식으로 바꿀 수 있어요.

🌸 위의 덧셈식을 보고, 뺄셈식을 **2**개 만들어 볼까요?

$$14 + 8 = 22 \begin{cases} \boxed{22} - 8 = 14 \\ \boxed{22} - 14 = 8 \end{cases}$$

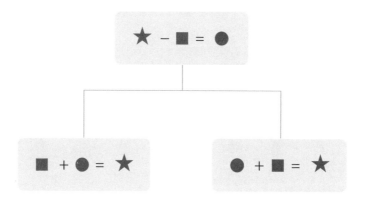

활동 2 반짝이는 친구들과 사이좋게 김밥을 나누어 먹으려고 해요. 그래서 반짝이는 김밥 **5**개를 친구들에게 주었어요.

반짝이의 도시락에는 처음에 **12**개의 김밥이 들어 있었어요. 친구들에게 김밥 **5**개를 주고 남은 김밥은 몇 개일까요?

🌸 이것을 뺄셈식으로 나타내어 볼까요?

$$12 - 5 = \boxed{7}$$

이번에는 뺄셈식을 덧셈식으로 한 번 바꾸어 볼까요?

$$\bigstar - \blacksquare = \bullet$$

$$\blacksquare + \bullet = \bigstar \qquad \bullet + \blacksquare = \bigstar$$

전체(★)에서 한 부분(■ 또는 ●)을 빼내면 다른 부분 (● 또는 ■)이 남는 뺄셈식을 한 부분(■)과 다른 부분(●)을 더해 전체(★)가 되는 덧셈식으로 바꿀 수 있답니다.

🌸 위의 뺄셈식을 보고, 덧셈식을 **2**개 만들어 볼까요?

$$12 - 5 = 7 \begin{cases} 5 + \boxed{7} = 12 \\ \boxed{7} + 5 = 12 \end{cases}$$

마무리

익히기 문제

1 □ 안에 알맞은 숫자를 써넣으시오.

$$37 + 16 = \boxed{} \begin{cases} 53 - \boxed{} = \boxed{} \\ 53 - \boxed{} = \boxed{} \end{cases}$$

창의 수학! 덧셈과 뺄셈은 뒤집어 놓았을 때 결국 같아져요. 우리는 많은 사랑을 받으면서 내 안에 사랑을 점점 덧셈하고 있어요. 그렇지만 받기만 하면 될까요? 다른 사람들에게 나눠 주는 것도 필요하겠지요.

2 다음 식을 보고, 뺄셈식과 덧셈식을 각각 **2**개씩 만들어 보시오.

$$45 + 18 = 63 \begin{cases} \boxed{} - \boxed{} = \boxed{} \\ \boxed{} - \boxed{} = \boxed{} \end{cases}$$

$$31 - 23 = 8 \begin{cases} \boxed{} + \boxed{} = \boxed{} \\ \boxed{} + \boxed{} = \boxed{} \end{cases}$$

정답 **1** 53, 37, 16, 16, 37
2 63, 45, 18, 63, 18, 45 / 23, 8, 31, 8, 23, 31

여러 가지 방법으로 계산할 수 있어요

생각 열기 반짝이네 반 친구들은 남학생과 여학생 두 팀으로 나누어 고리 던지기 놀이를 해 보려고 해요. 고리는 한 번에 **2**개씩 사이좋게 돌아가면서 던지기로 했어요.

그리고 반짝이네 반 친구들이 모두 힘을 합하여 **70**개보다 많은 고리를 고리 기둥에 넣으면 선생님께서 특별히 자유 시간을 주기로 하셨어요.

반짝이네 반 친구들 모두 모두 잘 던지도록 함께 응원해 봐요.

활동 1 반짝이네 반 친구들이 고리 기둥에 넣은 고리는 모두 몇 개인지 알아

보도록 해요.

남학생은 **46**개, 여학생은 **28**개를 고리 기둥에 넣었어요.

과연 **70**개보다 많이 넣었을까요?

🌸 46+28을 다양한 방법으로 계산해 볼까요?

46 + 28 = 74

🌸 **46**과 **28**의 합을 구하는 방법은 여러 가지가 있어요. 다른 친구들은
46+**28**를 어떤 방법으로 계산했는지 알아볼까요?

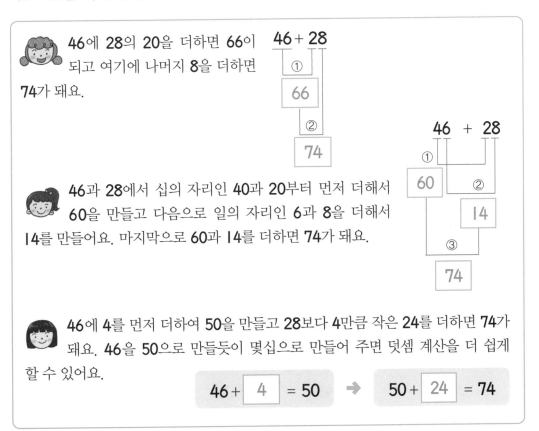

46에 28의 20을 더하면 66이 되고 여기에 나머지 8을 더하면 74가 돼요.

46과 28에서 십의 자리인 40과 20부터 먼저 더해서 60을 만들고 다음으로 일의 자리인 6과 8을 더해서 14를 만들어요. 마지막으로 60과 14를 더하면 74가 돼요.

46에 4를 먼저 더하여 50을 만들고 28보다 4만큼 작은 24를 더하면 74가 돼요. 46을 50으로 만들듯이 몇십으로 만들어 주면 덧셈 계산을 더 쉽게 할 수 있어요.

46 + 4 = 50 ➡ 50 + 24 = 74

남학생과 여학생 중 누가 더 많이 고리 기둥에 고리를 넣었을까요?
남학생은 46개, 여학생은 28개를 넣었으니까 남학생이 더 많이 넣었어요.
그럼 남학생이 여학생보다 몇 개나 더 많이 넣었을까요?

💬 46-28을 다양한 방법으로 계산해 볼까요?

$$46 - 28 = \boxed{18}$$

💬 46과 28의 차를 구하는 방법은 여러 가지가 있어요. 다른 친구들은
46-28를 어떤 방법으로 계산했는지 알아볼까요?

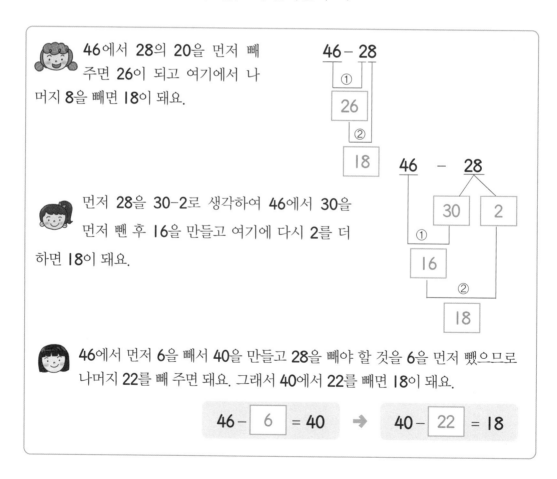

46에서 28의 20을 먼저 빼 주면 26이 되고 여기에서 나머지 8을 빼면 18이 돼요.

먼저 28을 30-2로 생각하여 46에서 30을 먼저 뺀 후 16을 만들고 여기에 다시 2를 더하면 18이 돼요.

46에서 먼저 6을 빼서 40을 만들고 28을 빼야 할 것을 6을 먼저 뺐으므로 나머지 22를 빼 주면 돼요. 그래서 40에서 22를 빼면 18이 돼요.

$$46 - \boxed{6} = 40 \quad \Rightarrow \quad 40 - \boxed{22} = 18$$

익히기 문제

1 24+9를 여러 가지 방법으로 계산하려고 합니다. ☐ 안에 알맞은 수를 써넣으시오.

$$24 + 9 = 24 + \boxed{} - 1$$
$$= \boxed{} - 1$$
$$= \boxed{}$$

$$24 + 9 = 24 + \boxed{} + 3$$
$$= \boxed{} + 3$$
$$= \boxed{}$$

2 73-36을 여러 가지 방법으로 계산하려고 합니다. ☐ 안에 알맞은 수를 써넣으시오.

$$73 - 36 = 73 - \boxed{} - 6$$
$$= \boxed{} - 6$$
$$= \boxed{}$$

$$73 - 36 = 73 - \boxed{} - 33$$
$$= \boxed{} - 33$$
$$= \boxed{}$$

어떤 수를 □로 나타낼 수 있어요

생각열기 반짝이네 반 친구들은 선생님의 호루라기 소리에 맞춰 보물찾기를 해요. 두 눈을 크게 뜨고 동물원 구석구석을 살폈어요.

저기 돌멩이 아래도 보물 하나, 나뭇가지 사이에도 보물 하나…….

과연 반짝이네 반 친구들이 보물을 잘 찾을 수 있을까요?

활동 1 다시 선생님의 호루라기 소리가 들려요. 반짝이네 반 친구들이 하나둘씩 모여들기 시작했어요. 보물을 찾은 친구들도 있고 아직 못 찾은 친구들도 있어요.

반짝이네 반 친구들 중 모두 **7**명의 친구들이 **7**개의 보물을 찾았어요. 그런데 처음에 모두 **9**개의 보물을 숨겨 두었다고 해요.

그럼 반짝이네 반 친구들이 찾아야 할 보물은 몇 개가 더 남았을까요?

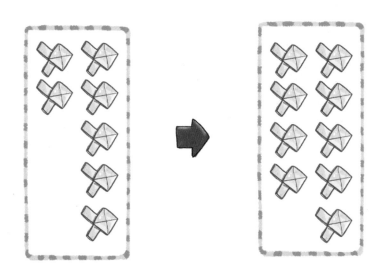

이것을 식으로 한 번 나타내어 볼까요? 그런데 식으로 나타낼 때 모르는 어떤 수는 어떻게 나타내면 좋을까요?

우리가 잘 알고 있는 도형인 ○, △, □ 등으로 나타낼 수 있어요.

우리는 그중의 한 가지 방법인 □로 나타내도록 해요.

그럼 더 찾아야 할 보물의 수를 모르니까 □로 나타내면 다음과 같아요.

$$7 + \boxed{} = 9$$

선생님께서 보물찾기 선물로 동물 모양의 연필을 주셨어요. 반짝이의 짝꿍은 오늘 보물찾기에서 보물을 많이 찾아 동물 모양 연필을 무려 **8**자루나 받았지 뭐예요. 그런데 반짝이는 보물을 하나도 못 찾았어요. 짝꿍이 연필 **8**자루 중에서 몇 자루를 반짝이에게 선물로 주었더니 **5**자루가 남았어요.

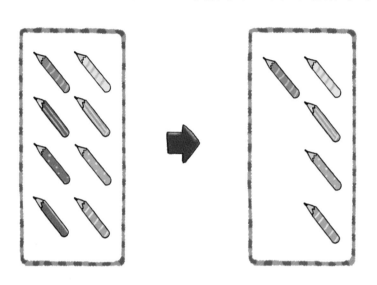

😊 이것을 식으로 한 번 나타내어 볼까요? 식으로 나타낼 때 반짝이에게 준 연필의 수를 어떻게 나타내면 좋을까요?
앞에서 약속한 것처럼 □로 나타내도록 해요.

😊 반짝이에게 준 연필의 수를 □로 나타내어 식으로 써 볼까요?
8자루의 연필 중에 몇 자루를 주고 **5**자루가 남았으니까 뺄셈식이 알맞아요.
그리고 뺄셈식은 두 가지 방법으로 나타낼 수 있어요.

> 모르는 어떤 수를 식으로 나타낼 때 □로 나타내면 무엇을 구해야 하는지 분명히 알 수 있어.

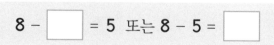

$$8 - \boxed{} = 5 \quad \text{또는} \quad 8 - 5 = \boxed{}$$

마무리

익히기 문제

1 다음 그림을 보고 □를 사용하여 식으로 나타내어 보시오.

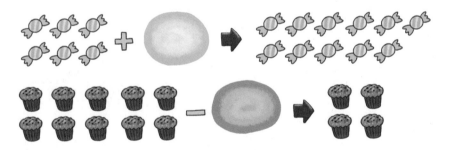

2 다음에 알맞은 식을 쓰시오.

연필이 모두 **13**자루가 있습니다. 그중에서 몇 자루를 사용했더니 **5**자루가 남았습니다.

정답 **1** 6+□=11 / 10-□=4 **2** 13-□=5

☐의 값을 구할 수 있어요

생각열기 이제 즐거웠던 소풍을 마치고 집으로 돌아갈 시간이 되었어요. 동물원 입구에는 어느새 학교 버스도 기다리고 있어요. 이미 동물원을 나온 친구들은 버스를 타고 벌써 학교로 출발했어요. 그리고 아직 나오지 않은 친구들을 위해 버스 4대가 남아서 기다리고 있어요. 오늘 동물원으로 소풍을 올 때 모두 12대의 버스를 타고 왔으니까 갈 때도 12대의 버스를 타고 가야 해요.

동물원 주차장

활동 1 반짝이는 이미 학교로 출발한 버스는 모두 몇 대인지 궁금해졌어요.
학교로 출발한 버스의 수를 구하려면 어떻게 해야 할까요?

😊 먼저 소풍을 올 때 타고 온 버스와 타고 갈 버스의 수가 서로 같아지도록
그림을 그려서 알아볼까요?

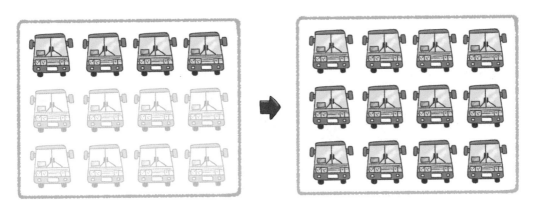

😊 이것을 식으로 나타내어 알아볼까요?
학교로 출발한 버스의 수를 □로 나타내어 식을 쓴다면 다음과 같아요?

$$4 + \boxed{} = 12$$

😊 □를 어떻게 구할 수 있나요?
□를 구하기 위해 4에 얼마를 더하면 12가 되는지 생각해 봐요.
이것은 우리가 그린 그림의 개수로도 알 수 있고 12에서 $\boxed{4}$ 를 빼는 방법으
로도 알 수 있어요.
따라서 이미 학교로 출발한 버스는 모두 $\boxed{8}$ 대예요.

활동 2 그런데 반짝이네 반 친구들에게 무슨 일이 생겼나 봐요. 반짝이네 반 학생들은 모두 **24**명인데 **17**명의 친구들만 모였어요. 몇 명의 친구들이 보이지 않아요. 없어진 친구들의 수를 구하려면 어떻게 해야 할까요?

😀 전체 **24**명에서 현재 모인 친구들의 수가 **17**명이 되도록 ×표로 지워서 알아볼까요?

😀 이것을 식으로 나타내어 알아볼까요?

없어진 친구들의 수를 ☐로 나타내어 식을 쓴다면 어떻게 쓸 수 있을까요?

$$24 - \boxed{} = 17$$

😀 ☐를 어떻게 구할 수 있나요?

☐를 구하기 위해서 **24**에서 얼마를 빼면 **17**이 되는지 생각해 봐요. 이것은 우리가 지운 그림의 개수로도 알 수 있고, 뺄셈식을 만들어 **21**에서 **17**을 빼는 방법으로도 알 수 있어요.

$$24 - \boxed{7} = 17$$

따라서 ☐에 알맞은 수는 **7**이에요.

마무리

익히기 문제

1 □에 알맞은 수를 써넣으시오.

27 + ☐ = 35   52 − ☐ = 41

2 수직선을 이용하여 식으로 나타내고 □를 구하시오.

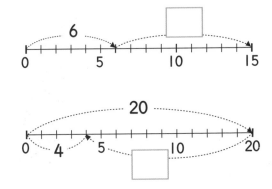

세 수의 계산을 할 수 있어요

어느새 즐거웠던 하루가 지나고 밤이 되었어요.

반짝이는 즐거웠던 동물원 소풍을 다시 떠올리면서 일기를 쓰고 있어요.

일기 붙임딱지

○월 ○일   날씨 ☀

제목   즐거운 동물원 소풍

드디어 기다리고 기다리던 동물원 소풍날

이다. 동물원에서 동물 친구들을 많이 만날

수 있었는데 그중에서 가장 기억에 남는 것

은 돌고래 쇼였다.

돌고래는 훌라후프도 잘 넘고 헤딩슛도

정말 잘한다. 선생님과 친구들과 함께

해서 더 즐거운 소풍이었다.

활동 1 반짝이는 일기를 다 쓰고 일기장 앞에 붙은 일기 붙임딱지를 살펴보았어요. 반짝이네 반에서는 일기 붙임딱지를 모아서 필요한 학용품으로 교환할수 있어요.

그래서 이번 달 일기 붙임딱지를 세어 보았어요.

이번 달에는 빨간색 일기 붙임딱지가 28장이고 파란색 일기 붙임딱지가 14장이에요. 그리고 17장의 붙임딱지를 사용했어요.

이것을 식으로 나타내어 볼까요?

빨간색과 파란색의 일기 붙임딱지는 더해서 28+14로 나타내요. 그리고 ×표하여 사용한 붙임딱지는 빼 주어 28+14-17로 나타낼 수 있어요.

$$\boxed{28} \ + \ \boxed{14} \ - \ \boxed{17}$$

28+14-17을 어떻게 계산하는지 알아볼까요?

두 수의 덧셈과 뺄셈을 할 수 있다면 세 수의 덧셈과 뺄셈 계산도 어렵지 않아요. 앞에서부터 순서대로 해 주기만 하면 돼요.

세 수의 덧셈과 뺄셈을 계산하며 □ 안에 알맞은 수를 써넣어 볼까요?.

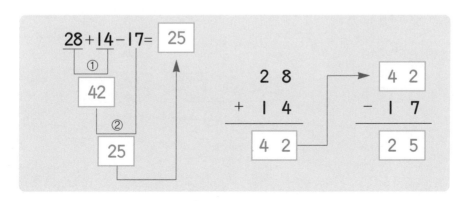

3. 덧셈과 뺄셈 **105**

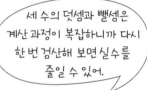 반짝이는 지난달 일기 붙임딱지도 살펴보았어요.

지난달에는 먼저 빨간색 붙임딱지를 **31**장 받아서 **15**장을 사용했고 나중에 파란색 붙임딱지를 **26**장 더 받았어요.

😊 이것을 식으로 나타내어 볼까요?

빨간색 붙임딱지에서 사용한 붙임딱지를 빼 주어 **31-15**로 나타내고 나중에 더 받은 파란색 붙임딱지는 더하면 돼요.

$$31 - 15 + 26$$

😊 이제 **31-15+26**을 어떻게 계산하는지 알아볼까요?

앞에서 공부한 것처럼 순서대로 계산해 주기만 하면 돼요.

세 수의 덧셈과 뺄셈은 계산 과정이 복잡하니까 다시 한번 검산해 보면 실수를 줄일 수 있어.

😊 세 수의 덧셈과 뺄셈을 계산하며 □ 안에 알맞은 수를 써넣어 볼까요?

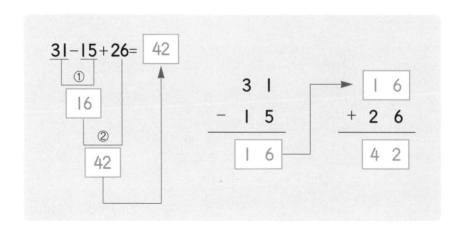

익히기 문제

1 계산을 하시오.

24 + 38 − 17 = ☐

55 − 39 + 13 = ☐

2 다음을 읽고 알맞은 식과 답을 써 보시오.

> 상자 속에 초콜릿이 **48**개 들어 있습니다. 그중에서 **29**개를 먹고 다시 **15**개를 더 넣었습니다. 상자 속에는 몇 개의 초콜릿이 들어 있을까요?

식 : _____   답 : _____

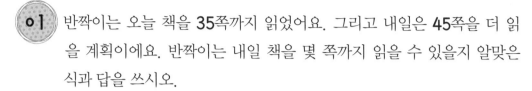

문제를 풀어 봅시다

01 반짝이는 오늘 책을 **35**쪽까지 읽었어요. 그리고 내일은 **45**쪽을 더 읽을 계획이에요. 반짝이는 내일 책을 몇 쪽까지 읽을 수 있을지 알맞은 식과 답을 쓰시오.

식 : _____ 답 : _____

02 다음 뺄셈식에서 잘못된 부분을 찾아 바르게 고쳐 보시오.

$$
\begin{array}{r}
6\ 5 \\
-\ 2\ 9 \\
\hline
4\ 6 \\
\end{array}
$$

03 아빠는 사과를 **27**개를 땄고 나는 **14**개를 땄습니다. 그런데 동생이 사과 **3**개를 먹어 버렸어요. 바구니에 남아 있는 사과는 몇 개인지 알맞은 식과 답을 쓰시오.

식 : _____ 답 : _____

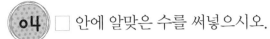 **04** □ 안에 알맞은 수를 써넣으시오.

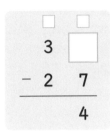

```
    □ □
    3 □
  - 2 7
    ─────
      4
```

```
    □ □
  - 2 5
    ─────
    6 8
```

05 **보기** 와 같은 방법으로 계산하시오.

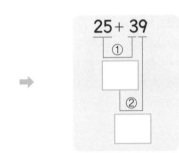

보기
48 + 26
①
68
②
74

25 + 39
①
□
②
□

06 반짝이가 과자를 먹고 있어요. 처음에 과자가 **13**개 있었는데 반짝이가 몇 개를 먹었더니 **7**개가 남았어요. 이것을 식으로 나타내고 반짝이가 먹은 과자의 개수를 구하시오.

식 : _____   답 : _____

놀이마당

주사위를 굴려라

주사위를 굴려 나온 수로 덧셈과 뺄셈을 하며 재미있는 놀이를 해 봐요.

쏙쏙 놀이에서 이길 수 있는 전략을 잘 생각해 봐요. 가장 중요한 전략은 큰 수라고 생각되는 것은 십의 자리에 쓰고 작은 수라고 생각되는 것은 일의 자리에 쓰면 돼요.

인원) 2명
준비물) 0~9까지 적힌 십면체 주사위 1개

- 주사위를 굴려서 나온 수를 빈칸에 적어요.
- 한 칸에는 한 개의 수만 쓸 수 있고 한 번 쓴 수는 자리를 옮길 수 없어요.
- 빈 칸이 모두 채워질 때까지 교대로 주사위를 굴려요.
- 두 수의 합이 크거나 차가 작은 사람이 이기게 돼요.

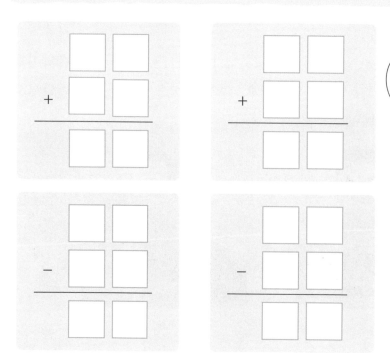

십면체 주사위가 없다면 육면체 주사위 2개를 만들어 0~9까지의 숫자를 적어 활용해 봐.

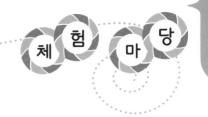

봉사 활동은 즐거워!

우리 주변을 둘러보면 가끔씩 쓰레기가 함부로 떨어져 있는 것을 볼 수 있어요.
그렇지만 깨끗한 환경을 만들기 위해 열심히 노력하는 분들이 있어서 다시 깨
끗해져요.
우리 집 주변, 거리, 학교 운동장에 떨어져 있는 쓰레기를 함께 주워 볼까요?
일주일 동안 쓰레기를 주운 횟수만큼 요일별로 표시해 봐요.
일주일 동안 모두 몇 회의 쓰레기 줍기 봉사 활동을 했나요?

	월	화	수	목	금	합계
그림	♣♣♣ ♣♣					
횟수	5번					

환경 봉사 도우미분들처럼 나도 일주일에 하루를 봉사
하는 날로 정해서 쓰레기를 주우려고 해요. 언제가
좋을지 생각해 봐요.

봉사하는 요일	이유

우리 주변에서 열심히 봉사하는 분들에게 감사하는
마음을 전해 봐요.

4 길이 재기

- 여러 가지 방법으로 길이를 비교할 수 있어요
- 우리 몸이나 물건을 이용하여 길이를 잴 수 있어요
- 서로 다른 단위길이로 길이를 재어 보아요
- 자의 눈금을 바르게 읽을 수 있어요
- 자를 사용하여 길이를 바르게 잴 수 있어요
- 길이를 어림할 수 있어요

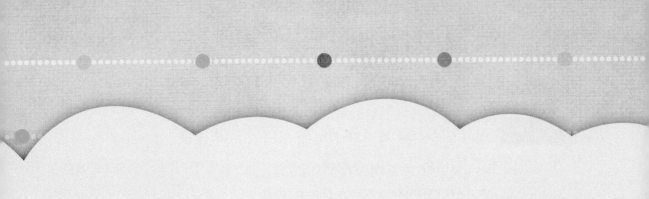

승수네 가족은 승수의 생일을 축하하기 위해 승수 방을 새로 꾸미기로 했어요.

그래서 승수네 가족은 이리저리 승수 방의 가구를 재었어요.

침대는 아빠와 승수가, 책장은 엄마와 누나가 재었어요.

각자 잰 길이를 살펴보니 엄마와 누나가 잰 책장의 길이는 거의 같아요.

그런데 승수와 아빠가 잰 침대의 길이가 달랐어요.

왜 그런지 우리 함께 알아볼까요?

여러 가지 방법으로 길이를 비교할 수 있어요

생각열기 엄마가 승수의 책장의 길이를 재려고 보니 저런, 승수의 책장 정리가 엉망이에요. 엄마와 누나는 승수의 책장을 깨끗하게 정리해 주기로 했어요. 먼저 책을 크기별로 정리해야 할 것 같아요.

책의 길이를 비교해 봐야 해.

책의 길이를 비교해 보았더니 국어사전의 세로의 길이가 가장 짧아요. 국어사전을 가장 높은 칸에 넣으면 좋을 것 같아요.

활동① 아빠와 누나, 승수는 승수의 방에 있는 가구들의 길이를 비교해 보려고 해요.

😊 길이가 가장 긴 부분을 어떻게 찾을 수 있나요?

무거운 물건을 들어서 직접 재기는 힘들어.

그림을 살펴보면 승수가 팔을 벌리고 있어요.
승수의 팔 길이로 재어 보면 가구들의 길이를 알 수 있을 것 같아요.
하지만 정확하게 비교하기는 어려워요.
누나는 연필을 들고 있어요.
연필로 몇 번씩 재어지는지 횟수를 세어 보면 가장 긴 부분을 찾을 수 있을 것 같아요. 그런데 연필이 작아서 여러 번 재어야 하니까 많이 불편해요.
아빠는 긴 막대를 들고 있어요.
긴 막대를 이용하면 가구들의 길이를 비교해 볼 수 있을 것 같아요. 그리고 막대의 길이가 길어서 여러 번 재어 보지 않아도 되니까 편리해요.

활동 2 아빠의 긴 막대로 승수의 방에 있는 침대와 책장의 길이를 비교해 보았어요. 둘 다 1개의 막대 길이보다는 길고 **2**개의 막대 길이보다는 짧아요.

좀 더 정확하게 비교하려면 어떻게 해야 할까요?
막대에 길이를 표시해 볼까요?

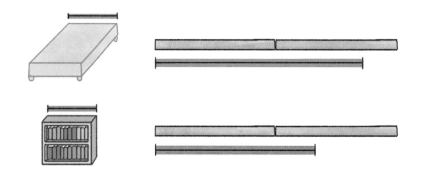

어떤 것이 길이가 더 긴가요?
막대에 표시된 것을 보니 침대가 책장보다 길이가
조금 더 길어요.

침대가 책장보다 얼마나 더 긴지 정확하게 알 수 있나요?
위와 같은 방법으로는 어느 것이 더 긴지 비교는 할 수 있지만
정확한 차이 를 알 수가 없어요.

길이가 얼마나 차이가 나는지
정확히 알려면 단위길이가
필요해.

마무리

익히기 문제

1 친구들이 키가 큰 순서대로 서려고 합니다.
어떤 순서로 서야 할까요?

2 대진이와 창운이의 연필입니다.
어느 친구의 것이 더 짧습니까?

창의 수학! 비슷한 길이의 물건을 비교할 때에는 직접 대어 보거나 하나의 물건을 본떠서 그것을 다른 물체에 포개어 길이를 비교할 수 있어요.

정답 **1** 창운, 윤정, 대진, 선미 **2** 대진이 연필

우리 몸이나 물건을 이용하여 길이를 잴 수 있어요

생각 열기 승수의 침대를 새로 사기 위해 아빠와 승수는 길이를 재어 보기로 하였어요. 아빠는 침대의 짧은 쪽의 길이를 뼘으로 재고, 긴 쪽의 길이도 뼘으로 재었어요.

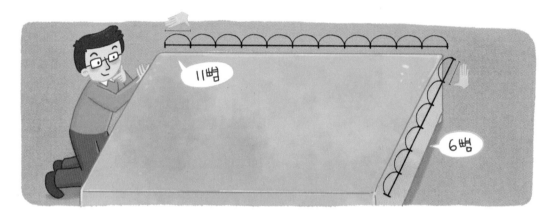

승수의 아빠가 침대의 길이를 재기 위해 어떤 방법을 사용하고 있나요?
손의 뼘으로 침대의 길이를 재고 있어요.
승수의 아빠가 잰 침대의 짧은 쪽과 긴 쪽의 길이는 얼마나 되나요?
침대의 짧은 쪽의 길이는 아빠의 6뼘이에요.
침대의 긴 쪽의 길이는 아빠의 11뼘이에요.

11뼘과 6뼘 중 어느 쪽이 더 길까?

둘 다 아빠의 뼘으로 잰 거니까 당연히 11뼘이 나온 길이가 더 길지.

약속하기

이나 같이 어떤 길이를 재는 데 기준이 되는 길이를 단위길이라고 합니다.

활동 1 손의 뼘을 이용하여 팔과 다리 길이를 잴 수 있어요.

손의 뼘을 이용하여 나의 팔의 길이와 다리의 길이를 수로 나타내어 볼까요?

나의 팔 길이 : ☐ 뼘,   나의 다리 길이 : ☐ 뼘

활동 2 승수는 아빠가 뼘으로 길이를 재는 것을 보고 승수의 책가방 속에 있는 물건의 길이를 몸의 이용하여 여러 부분을 재어 보았어요. 교과서의 길이는 승수 한 뼘의 2배예요. 몸의 여러 부분을 이용하여 나의 책가방 속 물건의 길이를 재어 볼까요?

 을 이용하여 재어 볼까요?

무엇을 재었나요? ☐

내 한 뼘의 몇 배인가요? ☐ 배

발길이를 이용하여 잴 수 있을까?

 을 이용하여 재어 볼까요?

무엇을 재었나요? ☐

내 엄지손가락의 몇 배인가요? ☐ 배

뼘 외에 어떤 부분으로 길이를 잴 수 있을까?

활동 3 승수의 책장을 바꾸기 위해 이번에는 승수의 누나가 승수 방에 있는
물건을 이용하여 책장의 긴 길이와 짧은 길이를 재기로 하였어요.

누나는 어떤 방법으로 길이를 재려고 하나요?
연필 을 이용하여 길이를 재고 있어요.

누나가 잰 책장의 짧은 쪽과 긴 쪽의 길이는 얼마인가요?
책장의 짧은 쪽은 연필의 4 배예요. 책장의 긴 쪽은 연필의 7 배예요.

활동 3 여러 가지 물건을 단위길이로 사용하여 책상의 길이를 재어 볼까요?

길이를 잴 때 단위길이가 재려는 물건의 길이보다 너무 길면 실제의 길이가 다
른 데도 모두 같은 수로 나타나서 길이의 정확한 전달이 되지 않아요.
또 단위길이가 너무 짧으면 그 물건을 연이어 놓기가 번거로워요.

마무리

익히기 문제

1 다음 물건은 단위 길이의 몇 배인지 알아보시오.

클립의 길이는 얼마나 됩니까?

압정의 ☐ 배

크레파스의 길이는 얼마나 됩니까?

압정의 ☐ 배

클립의 ☐ 배

> **창의 수학!** 우리 몸에서 손 한 뼘과 길이 가 비슷한 부분은 어디일까요? 바로 자신의 손목둘레와 손 한 뼘의 길이가 비슷해요.

정답 ┃ 2 / 6 / 3

서로 다른 단위길이로 길이를 재어 보아요

생각열기 승수의 엄마는 승수의 아빠와 누나가 재어 준 길이를 들고 가구점으로 왔어요.

침대는 짧은 쪽이 6뼘, 긴 쪽이 11뼘이에요.

책장은 짧은 쪽이 연필의 4배, 긴 쪽이 연필의 7배예요.

승수의 엄마는 아빠와 누나가 말해 준 대로 엄마의 손 한 뼘과 엄마가 가지고 있던 연필을 이용하여 침대와 책장을 주문했어요.

엄마가 주문한 승수의 침대와 책장은 크기가 어떨 것 같나요?

엄마가 주문한 승수의 침대는 크기가 작을 것 같아.

맞아. 아빠보다 엄마의 한 뼘의 크기가 더 작아. 누나가 가지고 있던 연필보다 엄마가 가지고 있는 연필이 더 길어. 그래서 책장을 너무 큰 것으로 주문할 것 같아.

활동1 단위길이가 서로 다르면 어떤 일이 생길까요?

누나가 사 온 액자의 크기와 승수가 길이를 재었던 사진의 크기가 달라 액자에 안 맞아요. 액자가 너무 커요.

🌸 승수와 누나가 잰 길이가 왜 달랐을까요?
승수가 가진 연필의 길이와 누나가 가진 연필의 길이가 달랐기 때문이에요. 길이를 재었던 승수의 연필보다 누나의 연필이 더 길어 액자의 크기가 커져 버렸어요.

🌸 승수와 누나와 같은 불편함을 겪지 않으려면 어떻게 하면 좋을까요?
사람마다 사용한 물건의 길이가 달라 정확한 길이를 알 수가 없으므로 같은 물건을 단위로 하여 재야 해요.
승수와 누나가 똑같은 길이를 갖는 물건으로 재었다면 사진과 액자의 크기가 맞을 수 있었겠지요?

활동 2 승수와 누나는 같은 길이를 잴 수 있는 길이 재기 도구를 만들어 보기로 했어요. 무엇으로 만들까 고민하다가 같은 크기의 클립을 6개씩 연결하였어요.

승수와 누나가 만든 길이재기 도구를 살펴볼까요?

😃 각자 6개의 클립을 연결하였는데 길이가 어떠한가요?

같은 클립으로 만들었기 때문에 길이가 똑같아요.

누나는 다시 클립으로 만든 길이재기 도구를 들고 상점에 갔어요. 승수와 누나는 다시 한 번 각자 액자와 사진의 길이를 재었어요. 승수가 사진을 재어 보니 클립 7개만큼의 길이예요.

승수의 이야기를 들은 누나는 누나의 클립 길이재기 도구로 클립 7개 길이의 액자를 사 왔습니다. 집으로 돌아온 누나는 사진을 액자에 끼워 봤어요.

이번에는 사진 액자에 사진이 딱 맞아요.

마무리

익히기 문제

1 단위길이를 보고 알맞게 색칠하시오.

단위길이					

2배				

5배					

2 노트가 찢어진 혜원이는 희수에게 연필의 **2**배가 되는 길이만큼 테이프를 잘라 달라고 했어요. 혜원이의 노트에 찢어진 부분에는 테이프가 다 붙어 있을까요?

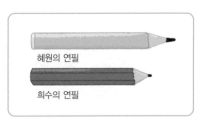

혜원의 연필
희수의 연필

자의 눈금을 바르게 읽을 수 있어요

생각열기 엄마가 주문해 온 승수의 침대와 책장은 모두 맞지 않았어요. 승수네 가족은 가족회의를 열었어요.

"분명히 아빠랑 누나가 정확하게 재었는데 왜 안 맞는 거지?"

"엄마 손의 크기와 아빠 손의 크기가 다르기 때문이야."

"내가 가진 연필의 길이와 엄마가 가지고 간 연필의 길이가 또 다르기 때문에 길이가 달라졌어."

"그럼 우리가 쟀던 클립을 이용한 길이재기 도구는 어떨까?"

"그 긴 길이를 하나하나 클립으로 재는 것은 너무 불편하고 힘들어."

"아무래도 같은 길이로 되어 있는 자가 필요하겠어."

"각자 자를 빌려 오도록 해요."

활동 1 자를 이용하여 길이를 재면 누가 길이를 재든 모두 똑같은 값이 나오게 돼요. 또, 자의 눈금과 눈금 아래의 수를 보면 쉽게 길이를 알 수 있어요.

😊 자를 살펴보고 알 수 있는 것은 어떤 것들이 있나요?

자를 살펴보면 숫자가 $\boxed{0}$ 부터 시작해서 순서대로 있어요.

자세히 살펴보면 눈금 한 칸의 크기가 모두 같아요.

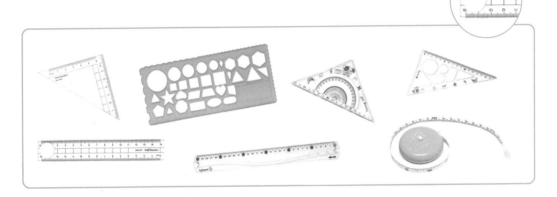

😊 자에 쓰인 숫자와 숫자 사이의 한 칸을 어떻게 읽으면 좋을까요?

$\boxed{1}$ cm라 쓰고, $\boxed{1}$ 센티미터라고 읽어요.

약속하기

━━의 길이를 **1cm**라 쓰고, 일 센티미터라고 읽습니다.

😊 우리 주변에 1cm 크기의 물건은 무엇이 있을까요?

우리 주변에서 쉽게 찾을 수 있는 1cm의 크기로는 $\boxed{엄지손가락}$ 의 너비, 그리고 $\boxed{책}$ 의 두께와 비슷해요.

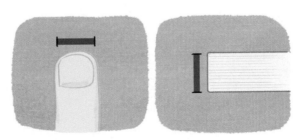

활동 2 막대의 길이를 자로 재어 눈금을 읽고 쓴 것이에요. 막대의 길이를 자로 재어 눈금을 읽을 때 눈금에 쓰인 숫자만을 읽는 것이 아니라 반드시 cm를 붙여 읽어야 해요.

🌼 다음 막대의 길이를 자로 재어 눈금을 읽고 써 볼까요?

	1cm의 2배	2cm
	1cm의 5 배	5cm
	1cm의 7 배	7cm

🌼 주어진 막대의 길이를 자로 재어 눈금을 읽으면 어떤 점을 알 수 있나요?

1 cm의 2 배와 2 cm가 같아요.

막대에 자를 대어 보면 막대의 끝에 위치한 자의 눈금이 바로 2 예요.

1cm의 2배인 2cm는 뭐라고 읽을까?

2cm는 이 센티미터라고 읽어.

마무리

익히기문제

1 ☐ 안에 알맞은 수를 써넣으시오.

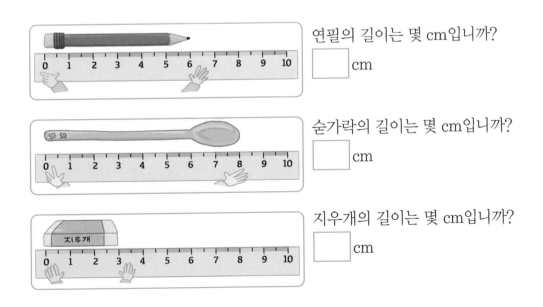

연필의 길이는 몇 cm입니까?

☐ cm

숟가락의 길이는 몇 cm입니까?

☐ cm

지우개의 길이는 몇 cm입니까?

☐ cm

정답 ┃ 6 / 8 / 3

자를 사용하여 길이를 바르게 잴 수 있어요

생각 열기 승수와 누나가 자로 여러 가지 물건의 길이를 재어 보았어요. 그런데 똑같은 물건의 길이를 재었는데 누나와 승수가 잰 길이의 결과가 조금씩 달랐어요. 무엇이 잘못되었는지 살펴보기 위해 누나와 승수는 자를 사용하여 같은 연필의 길이를 재어 보았어요.

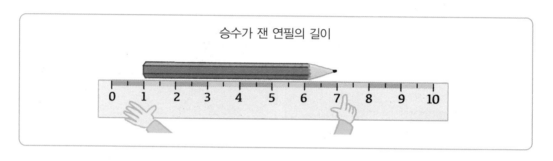

승수가 잰 연필의 길이

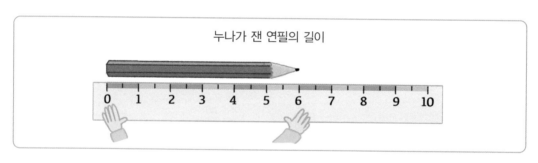

누나가 잰 연필의 길이

승수가 잰 연필의 길이는 7cm야.

이상하다, 누나가 잰 것은 6cm인데?

활동 1 같은 연필의 길이를 재었는데 연필의 길이가 달랐어요. 누나는 승수가 사용한 자의 방법을 살펴보고는 알았다는 듯이 미소를 지었어요.

🌸 자를 사용하여 물건의 길이를 잴 때 어떤 방법으로 재는 것이 좋을까요? 자를 사용하여 길이를 잴 때에는 물건의 끝을 자의 눈금 0 에 맞추고 다른 쪽 끝 이 가리키는 눈금을 읽어야 해요.

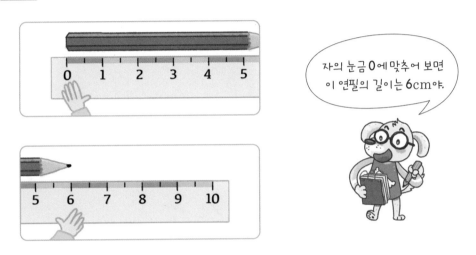

자의 눈금 0에 맞추어 보면 이 연필의 길이는 6cm야.

🌸 자를 사용하여 길이를 잴 때 다른 방법으로 물건의 길이를 알 수 있는 방법을 알아볼까요?

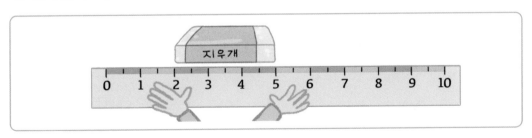

이럴 때에는 1 cm의 개수를 세면 돼요. 또 지우개의 끝 부분의 눈금에서 처음 부분의 눈금을 빼면 돼요.

2cm에서 시작하여 5cm에서 끝났으니까 5 -2=3이에요.

그러므로 이 지우개의 길이는 3 cm예요.

활동 ② 승수와 누나는 배가 고파서 맛있는 샌드위치와 주스를 먹었어요. 승수가 목이 말랐는지 누나보다 주스를 더 많이 마셨어요.

승수와 누나는 남긴 주스의 양을 비교해 보기로 했어요. 같은 컵에 담겨 있는 주스의 양을 비교하기 위해 자를 이용하여 남은 주스의 높이를 재어 보기로 하였어요.

🌼 승수와 누나 잔에 담겨 있는 주스의 높이를 재어 볼까요?

쏙쏙 크기와 모양이 다른 컵에 담겨 있는 것은 높이만 재어서는 양을 비교할 수가 없어요. 크기와 모양이 같은 컵에 담겨 있어야 높이를 재어서 양의 비교를 할 수 있어요.

누나 잔   승수 잔

주스의 높이는 자의 눈금 0을 맞추고 자를 세워서 재면 돼.

승수의 잔에 담겨 있는 주스의 높이는 ⬚7⬚ cm이고 누나의 잔에 담겨 있는 주스의 높이는 ⬚5⬚ cm예요.

🌼 승수가 그린 그림을 보고 누나가 똑같이 그림을 그렸어요. 자를 이용하여 왼쪽의 승수가 그린 그림과 똑같은 그림을 그려 볼까요?

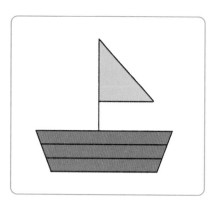

익히기 문제

1 자를 사용하여 **5cm**만큼 선을 그어 보시오.

> **창의수학!** 길이를 나타내는 말에는 '길다, 짧다' 외에도 상황에 따라 '높다, 낮다', '깊다, 얕다', '두껍다, 얇다' 등의 말을 써요.

2 모눈종이 위의 두 점을 자로 연결하고 길이를 재어 □에 써넣으시오.

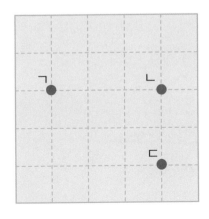

ㄱ~ㄴ: ☐ cm

ㄴ~ㄷ: ☐ cm

길이를 어림할 수 있어요

생각열기 승수는 동생에게 줄 장갑을 샀어요. 그런데 동생 손보다 좀 작아 보여요. 승수는 장갑을 꺼내 보고 싶었지만 포장을 뜯으면 교환이 안 된다고 해요. 승수는 장갑의 길이를 어떻게 알 수 있을까요?

활동① 승수가 장갑의 길이를 재어 보려고 해요. 자로 재지 않고 장갑의 길이를 어림해 볼까요?

장갑 옆에 있는 연필들의 길이를 재어 보면 장갑의 길이가 얼마인지 짐작할 수 있을 것 같아요. 또 1cm를 마음속으로 떠올려 보고 어림해 봐요.

💬 어림한 길이를 어떻게 말하면 좋을까요?

'몇 cm쯤 되는 것 같다, 약 몇 cm이다.' 라고 하면 돼요.

약속하기

어림한 길이를 말할 때에는 약 □cm라고 합니다.

빨간색 연필의 길이는 약 9cm예요.

장갑의 길이는 약 9cm예요.

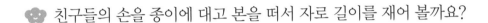

활동 2 승수는 자기의 손을 종이에 대고 본을 떠서 손의 길이는 얼마나 되는지 알아보려고 해요.

🌸 승수의 손의 길이를 어림해 봐요. 약 몇 cm라고 생각하나요?
스스로 기준을 정해 어림해 보면 알 수 있어요.

🌸 친구들의 손을 종이에 대고 본을 떠서 자로 길이를 재어 볼까요?

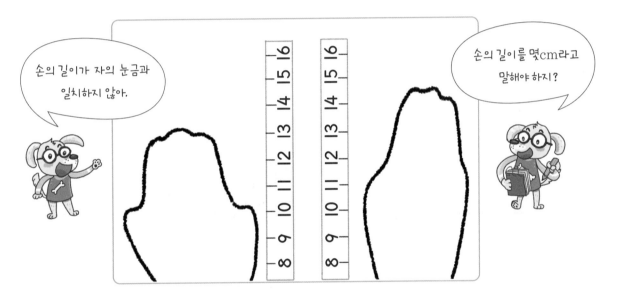

손의 길이가 자의 눈금과 일치하지 않아.

손의 길이를 몇cm라고 말해야 하지?

🌸 왼쪽 그림에 있는 손의 길이는 몇 cm라고 하면 좋을까요?
14cm보다는 13cm에 더 가깝기 때문에 '13cm 조금 더 된다'라고 하거나 ' 약 13cm'라고 하면 좋겠어요.

🌸 오른쪽 그림에 있는 손의 길이도 살펴볼까요?
15cm에 더 가깝기 때문에 '15cm가 조금 못 된다.'라고 하거나 ' 약 15cm'라고 하면 돼요.

약속하기
눈금 사이에 있을 때는 가까이에 있는 쪽의 길이를 말하고 약 □cm라고 합니다.

😊 자로 재었을 때 길이가 눈금과 일치하지 않을 때 어떻게 말하면 좋을까요?

자로 재었을 때, 길이가 눈금과 일치하지 않는 경우에는 가까운 쪽의 눈금을 읽고 약 ◻cm라고 해요. 또, 가까운 쪽의 눈금을 붙여 '조금 더 된다, 조금 못 된다.' 라고 하면 돼요.

활동❸ 승수는 다른 부분의 길이도 궁금해져 몸의 여러 부분의 길이를 어림하고 자로 재어 보기로 했어요.

😊 승수처럼 나의 몸 여러 부분을 어림하고 자로 재어 볼까요?

손바닥 길이 약 ◻cm

손가락 길이 약 ◻cm

한 뼘 약 ◻cm

팔 길이 약 ◻cm

엄지손가락 너비 약 ◻cm

발 길이 약 ◻cm

내 엄지손가락 너비는 약 1cm야. 너는 어때?

내 한 뼘은 약 12cm인데 내 연필 길이와 비슷해.

문제를 풀어 봅시다

이 다음 그림을 보고 길이를 바르게 재고 있는 것은 어느 것인지 찾아 ○ 표 하시오.

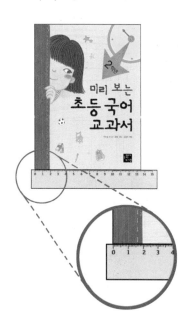

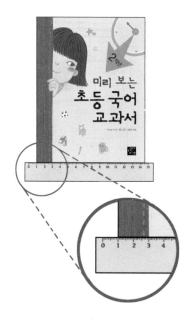

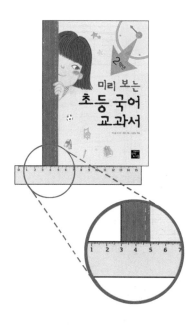

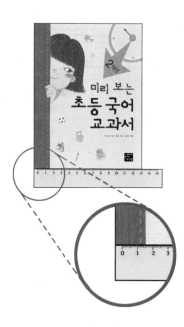

02 부러진 자를 사용하여 색연필의 길이를 재려고 합니다. □ 안에 알맞은 수를 써넣으시오.

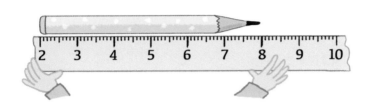

색연필의 길이는 ☐ cm입니다.

왜냐하면 자에서 숫자와 숫자 사이의 길이는 |cm이고

색연필은 |cm ☐ 개만큼의 길이이기 때문입니다.

03 승수는 샤프펜슬을 8cm라고 어림하였고 희수는 |0cm라고 어림하였습니다. 승수와 희수 중 누가 더 가깝게 어림하였습니까?

쓱쓱 자를 이용하여 물건의 길이를 잴 때에는 물건의 끝이 자의 눈금 0에 오도록 맞추면 길이를 재기가 쉬워요.

내가 바로 낚시왕!

오늘은 낚시 대회가 열리는 날이에요. 다들 자신의 실력을 뽐내며 낚시터로 모여들었어요. 오늘의 낚시왕은 물고기의 길이가 3cm에 가장 가까운 물고기를 잡는 사람이 우승하는 거라고 해요.
어떤 물고기를 잡아야 오늘의 낚시왕이 될 수 있을까요? 3cm에 가장 가까운 물고기를 자를 이용하여 찾아봐요.

자를 이용하면 정확하게 물고기의 몸 길이를 알 수 있어.

엄마를 찾아라!

아기동물들이 엄마동물들을 만나러 가요. 각 아기동물들에 따른 규칙을 보고
선과 점을 이용하여 엄마 동물들을 찾아갈 수 있게 도와줘요.

- 병아리 는 1cm와 2cm의 길이만을 이용해서 갈 수 있어요.
- 올챙이 는 2cm와 3cm의 길이만을 이용해서 갈 수 있어요.
- 강아지 는 1cm 길이만을 이용해서 갈 수 있어요.

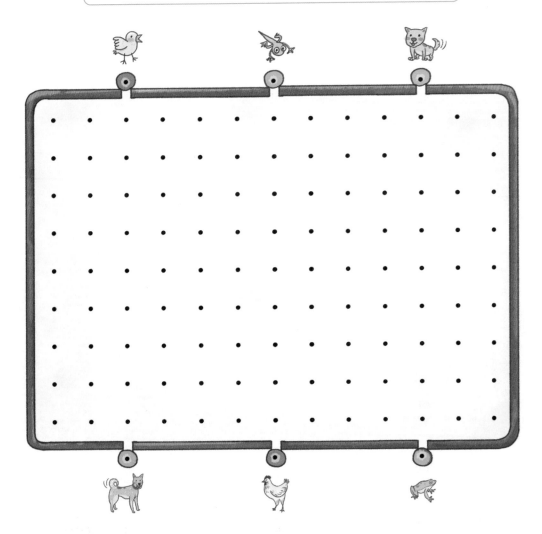

5 분류하기

- 기준에 따라 분류할 수 있어요
- 분류하여 셀 수 있어요
- 분류한 결과를 이야기할 수 있어요

진형이는 엄마와 함께 여러 가지 물건을 사러 시장과 백화점에 갔어요.
이모와 할아버지께 드릴 선물을 살 거예요.
시장에는 많은 간판들이 보이는데 다들 비슷한 모양이에요.
장난감 가게, 과일 가게, 악기점 등 어디 먼저 가야 할까요?
우리 함께 따라가 볼까요?

기준에 따라 분류할 수 있어요

생각 열기 진형이는 이모한테 줄 선물을 사러 엄마와 함께 선물 가게에 들렀어요. 엄마는 선물 가게의 물건들을 꼼꼼히 살펴보았어요. 어떤 물건들이 있을까요?

공책   컵   스노우 볼   상자

양초   전기 스탠드   상자   보온병

선물 가게에 있는 물건들을 분류해 볼까요?

다음과 같이 같은 모양끼리 분류할 수 있어요.

활동 1 엄마는 이모에게 줄 예쁜 컵을 선물로 골랐어요. 선물 가게의 한쪽에는 진형이가 좋아하는 장난감들이 많이 있어요.
진형이가 좋아하는 장난감들은 주로 여러 가지 이동 수단이에요. 여러 가지 기준에 따라 분류해 볼까요?

헬리콥터   요트   오토바이   자동차   스쿠터
트럭   유모차   비행기   배   버스

🌸 진형이는 장난감을 아래처럼 분류했어요. 어떤 기준으로 분류했나요?

하늘에서 다니는 것   땅에서 다니는 것   물에서 다니는 것

이동 수단들을 장소 에 따라서 분류했어요.

쏙쏙 분류할 때에는 비슷한 성질의 것으로 분류하면 좋아요.

🌸 땅에서 다니는 이동 수단들을 또 어떻게 분류할 수 있을까요?

바퀴 **2**개   바퀴 **4**개

바퀴의 개수 로 분류할 수 있어요.

활동 2 장난감 가게를 나와 진형이는 엄마와 함께 악기점으로 갔어요. 악기점에는 첼로와 큰북 등 다양한 악기들이 많이 있어요.

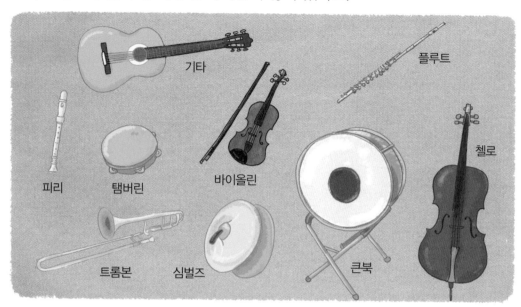

기타
플루트
피리
탬버린
바이올린
첼로
트롬본
심벌즈
큰북

🌸 진형이는 어떤 기준으로 악기를 분류했는지 알아볼까요?

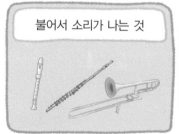

불어서 소리가 나는 것

쳐서 소리가 나는 것

줄을 이용하여 소리가 나는 것

소리 가 나는 방법에 따라 분류했어요.

🌸 나만의 기준을 세워 악기점에 있는 악기들을 분류하여 이름을 적어 볼까요?

익히기 문제

1 칠판에 여러 글자가 쓰여져 있습니다. 글자들을 자신이 정한 기준에 따라 분류하여 쓰시오.

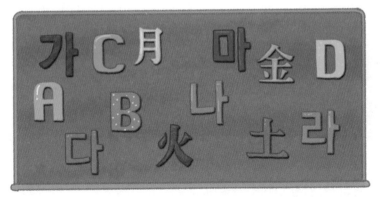

정답 | 한글 : 가, 나, 다, 라, 마   영어 : A, B, C, D   한자 : 月, 火, 金, 土

분류하여 셀 수 있어요

생각열기 진형이는 엄마와 함께 집에 가는 길에 마트를 들렀어요. 마트에는 여러 가지 물건이 많이 있었어요. 필요한 물건을 사서 계산대 위에 올려 놓았어요. 엄마와 진형이가 장을 본 물건들은 무엇 무엇인지 알아볼까요?

우유, 배와 사과, 과자, 사탕을 샀어요.

산 물건들의 개수를 세어 볼까요?

🥛🥛🥛🥛	4개
🍐🍐	2개
과자 과자 과자	3개
사탕	1봉지

가장 많이 산 것은 무엇인가요?

몸을 튼튼하게 하는 우유예요.

활동 1 진형이는 엄마가 사 준 사탕 1봉지를 뜯어 보았어요. 예쁜 모양의 사탕들이 들어 있어요.

분류의 기준을
잘 살펴봐야 해.

모양에 따라 분류하고 그 수를 세어 볼까요?

모양에 따라	◯	☆	△
수(개)	3	5	7

색깔에 따라 분류하고 그 수를 세어 볼까요?

색깔에 따라	노랑	빨강	초록
수(개)	5	4	6

진형이는 아까 선물 가게에서 샀던 동물 카드를 뜯어 보았어요. 여러 종류의 동물들이 많이 있어요. 기준에 따라 동물들을 분류해 볼까요?

동물들은 활동하는 장소, 다리의 수, 움직이는 방법, 새끼 낳는 방법 등 여러 가지 기준으로 분류할 수 있어요.

🫧 활동하는 장소에 따라 분류해 볼까요?

물에서 활동하는 동물들은 물개, 물고기 , 돌고래가 있어요.

땅에서 활동하는 동물들은 코끼리 , 팬더, 호랑이, 돼지, 사슴, 원숭이가 있어요.

하늘에서 활동하는 동물로는 까치, 독수리 가 있어요.

🫧 다른 기준에 따라서도 분류해 볼까요?

헤엄친다	물고기, 물개, 돌고래
걸어 다닌다	코끼리, 팬더, 호랑이, 돼지, 사슴, 원숭이, 사자
날아 다닌다	까치, 독수리

마무리

익히기 문제

1 여러 가지 모양의 단추를 모았습니다. 기준에 따라 분류하고 세어 보시오.

모양에 따라 : _____

색깔에 따라 : _____

정답 ┃ □-3개, ○-4개, ♡-5개 / 노랑-5개, 파랑-4개, 빨강-3개

분류한 결과를 이야기할 수 있어요

생각 열기 진형이는 엄마와 함께 백화점에 갔어요. 이번 주말이 할아버지 생신이라 할아버지께 드릴 티셔츠를 사고 그 밖에 필요한 물건들도 사야 하거든요. 엄마는 사야 할 물건들을 집에서 미리 적어 왔어요. 필요한 물건들이 어떤 것들이 있는지 먼저 살펴볼까요?

할아버지의 티셔츠, 운동화, 축구공, 과일, 감자, 고추, 화장품이 필요해요.

활동 ① 어떻게 하면 사야 할 물건을 쉽고 편하게 구입할 수 있을까요? 백화점에 도착한 엄마와 진형이는 먼저 백화점 층별 안내도를 확인했어요. 엄마와 진형이는 사야 할 물건들을 보면서 어떤 것부터 구입해야 쉽고 편하게 살 수 있는지 생각했어요.

사야 할 물건을 보면서 물건을 구입할 순서를 생각해 볼까요?

🌸 엄마 화장품은 몇 층에 있나요?

| 1 | 층에 있어요.

🌸 지하 1층에서 살 물건은 무엇 무엇인가요?

과일과 감자, | 고추 | 예요.

🌸 할아버지의 티셔츠, 운동화와 축구공은 어디에 있나요?

할아버지의 티셔츠는 | 2 | 층에, 운동화와 축구공은 | 4 | 층에 있어요.

활동 2 엄마와 진형이는 어떻게 하면 사야 할 물건을 쉽고 편리하게 살 수 있을까요?

😊 물건을 구입할 순서와 방법을 적어 볼까요?

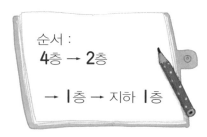

순서 :
4층 → 2층
→ 1층 → 지하 1층

엄마와 진형이는 어떤 순서로 물건을 구입할지 생각하다가 아래층에서부터 물건을 구입하면 무거우니까 위층 에서부터 물건을 구입하기로 했어요.

마무리

익히기 문제

1 우산 가게에서 **7월** 한 달 동안 팔린 우산입니다. 우산을 자신만의 기준에 따라 분류하여 보시오.

어떤 기준으로 분류하였나요?

7월 한 달동안 가장 많이 팔린 우산은 어떤 것입니까?

정답 ┃ 긴 우산과 짧은 우산 / 짧은 우산

01 진형이는 반 친구들의 생일이 있는 계절을 조사하여 알게 된 점을 일기에 써 보았습니다. 일기의 빈칸을 알맞게 채워 넣으시오.

친구들이 태어난 계절

🏠	은수	🍉	수연	🌳	지선	🍉	준구	🌳	명선
🏠	주영	🍉	효림	🌳	슬기	🍉	용호	🌳	나리
🍉	선희	🎆	태성	🏠	선미	🏠	재경	🍉	상현
🌳	수정	🎆	용현	🎆	은실	🍉	동호	🏠	영재

🎆 봄, 🍉 여름, 🌳 가을, 🏠 겨울

제목 : 우리 반 친구들의 생일 조사

오늘은 우리 반 친구들의 생일이 있는 계절을 조사하여

계절에 따라 분류해 보았다.

봄에 태어난 친구들은 **3**명, 여름은 ☐ 명이었다.

또, 가을에 태어난 친구들은 **5**명이었고 겨울에 태어난

친구들은 ☐ 명이었다.

우리 반 친구들의 생일이 가장 많은 계절은 ☐ 이고

생일이 가장 적은 계절은 ☐ 이다.

02 진형이네 반 친구들이 쓰레기를 분리 수거함에 넣으려고 합니다. 분리 수거함에 맞게 알맞게 분리하여 번호를 쓰시오.

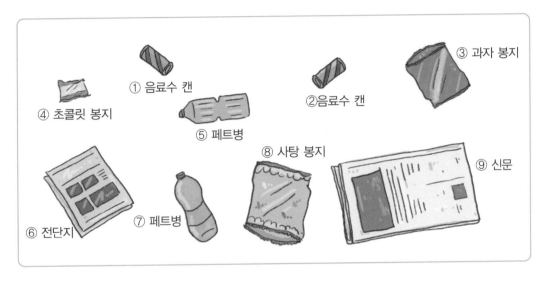

🌸 쓰레기를 종류별로 분류하면 어떤 좋은 점이 있는지 말하여 보시오.

친구들이 좋아하는 색

진형이네 반 친구들이 좋아하는 색을 조사해 보았더니 초록색이 제일 많고 그 다음이 파란색, 노란색 순이었어요. 진형이네 선생님은 반 친구들이 좋아하는 3가지 색깔의 크레파스를 준비했어요.

진형이네 반 친구들이 좋아하는 색의 순서에 맞게 별을 색칠해 봐요.

가장 많이 색칠해야 할 크레파스의 색깔은 무엇인가요?

가장 적게 색칠해야 할 크레파스의 색깔은 무엇인가요?

사이좋게 앉아라!

진형이와 친구들은 공원으로 나들이를 나왔어요. 진형이네 엄마께서는 친구들이 앉아서 음식도 먹고 놀 수 있도록 돗자리 2개를 준비해 주셨어요.

진형이를 포함하여 친구들은 모두 8명이에요.

한쪽 돗자리에 다 몰려서 앉으면 너무 좁기 때문에 4명씩 나누어서 앉아야 해요. 친구들과 진형이는 어떻게 자리를 나누어 앉으면 좋을까요?

안경을 쓴 친구는 3명, 안 쓴 친구는 5명이라 4명씩 나눌 수가 없어요.

치마를 입은 친구는 3명, 바지를 입은 친구는 4명, 반바지를 입은 친구는 1명이라 4명씩 나눌 수가 없어요.

어떻게 나누면 될까요? 나누는 기준을 정하고 돗자리에 이름을 써 봐요.

나누는 기준 : _____

6 곱셈

- 묶어 셀 수 있어요
- 몇씩 몇 묶음인지 알 수 있어요
- 몇의 몇 배를 알 수 있어요
- 곱셈식을 알 수 있어요
- 곱셈식을 활용할 수 있어요

민주의 생일을 축하해 주려고 친구들이 민주네 집에 갔어요.
맛있는 케이크, 김밥, 과자 등 음식들이 많이 차려져 있었어요.
풍선, 멋진 인형 등으로 방 안도 장식을 했어요.
민주네 집에 있는 여러 가지 물건을 여러 가지 방법으로
함께 세어 볼까요?

묶어 셀 수 있어요

생각열기 친구들이 민주의 생일을 축하해 주기 위해 즐겁게 파티를 하고 있어요. 민주와 친구들이 모두 의자에 앉아 있어요. 1명씩 세어 보니 모두 12명이에요.

3명씩 같이 세었더니 3명, 6명, 9명, 12명! 모두 12명이에요.

이번에는 4명씩 같이 세었더니 4명, 8명, 12명! 모두 12명이에요.

이렇게 묶어 세어도 같은 개수니까 더 쉽고 빠르게 셀 수 있는 방법을 써야겠어요.

활동 1 민지의 생일에 맛있는 음식과 여러 가지 물건들이 많이 있어요. 어떤 음식과 물건들이 얼마나 있는지 세어 볼까요?

🌸 음료수는 모두 몇 개인지 먼저 5씩 묶어서 세어 볼까요?

5씩 묶어 세어 보니 5, [10], [15], 20! 음료수는 모두 20개예요.

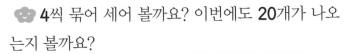

🌸 4씩 묶어 세어 볼까요? 이번에도 20개가 나오는지 볼까요?

4씩 묶어 세어 보니 4, [8], [12], [16], 20! 역시 음료수는 모두 20개예요.

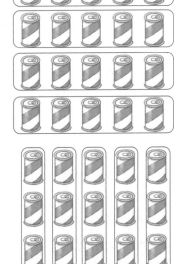

활동② 방 안에는 생일을 축하하는 풍선 장식이 예쁘게 되어 있어요. 풍선을 3씩 묶어 세어 볼까요?

🌸 풍선은 모두 몇 묶음인가요?

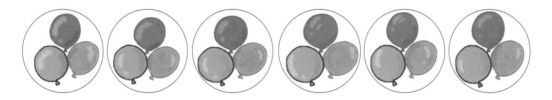

풍선은 3씩 6 묶음이에요.

🌸 3씩 6 묶음이면 모두 몇 개인가요?

3씩 6번 더하면 3, 6, 9, 12, 15, 18이므로 3씩 6 이면 18 이에요.

🌸 창문 커튼에 곰돌이 그림이 그려져 있어요. 묶어 세어 볼까요?

4 씩 묶어 셀 수 있어요.   6 씩 묶어 셀 수 있어요.

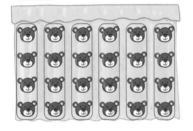   

🌸 다른 방법으로 묶어 셀 수 있을까요?

2 씩 묶어 셀 수도 있어요.   8 씩 묶어 셀 수도 있어요.

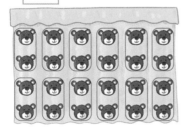   

마무리

풍선이 몇 개인지 묶어서 세면 5씩 3 묶음이니까 15!

5, 10, 15

사탕이 몇 개인지 묶어서 세면 2씩 3묶음은 6, 3씩 2 묶음도 6!

2, 4, 6

3, 6

연필이 몇 자루인지 묶어서 세어 보자.

2, 4, 6, 8, 10

5, 10

물건의 개수를 셀 때는 하나씩 세는 것보다 묶어서 세는 것이 훨씬 빠르게 셀 수 있어.

익히기 문제

창의 수학! 나란히 일렬로 배열된 물건의 수를 다양한 방법으로 묶어서 세어 보면서 어떤 방법이 더 좋은지 친구들에게 설명해 보는 것도 좋아요.

1 사과가 모두 몇 개인지 묶어 세어 보시오.

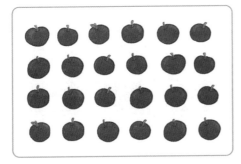

4개씩 묶어 세어 보시오.

다음과 같이 뛰어 세어 보시오.

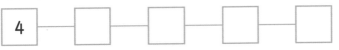

4 ― ☐ ― ☐ ― ☐ ― ☐

정답 **1** 생략 / 8, 12, 16, 20

몇씩 몇 묶음인지 알 수 있어요

생각 열기 민주는 친구들과 함께 맛있게 음식을 먹고 나서 민주의 앨범을 보고 있어요. 펼쳐진 앨범에는 사진이 몇 장 있을까요?

2씩 묶어서 세어 보면 몇 묶음이 되는지 알 수 있어요.

2씩 묶으면 **6**묶음이 돼요.

2, 4, 6, 8, 10, 12!

펼쳐진 앨범에는 사진이 **12**장 있어요.

활동 ① 민주네 반 친구들이 현장 학습을 가서 찍은 사진이에요. 민주네 반 학생들은 모두 몇 명인지 묶어 세어 볼까요?

🌸 4씩 몇 묶음인지 세어 볼까요?

4씩 [6] 묶음이에요.

4, 8, 12, 16, 20, 24!

4씩 [6] 묶음이면 **24**니까 민주네 반 친구들은 모두 **24**명이에요.

🌸 다른 방법으로 묶어 세어 볼까요?

3씩 묶을 수도 있어요.

3씩 [8] 묶음이에요.

3, 6, 9, 12, 15, 18, 21, 24!

8씩 묶을 수도 있어요.

8씩 [3] 묶음이에요.

8, 16, 24!

활동2 서랍장에 멋진 인형들이 많이 있어요. 인형들은 모두 몇 개인지 묶어 세어 볼까요?

🌸 인형이 모두 몇 개인지 몇씩 묶어 세어 볼까요?

2 씩 묶으면 9 묶음이므로 18개예요.

2,   4,   6,   8,   10,   12,   14,   16,   18

3 씩 묶으면 6 묶음이므로 18개예요.

3,   6,   9,   12,   15,   18

6 씩 묶으면 3 묶음이므로 18개예요.

6,   12,   18

9 씩 묶으면 2 묶음이므로 18개예요.

9,   18

마무리

익히기 문제

1 구슬이 몇 개인지 묶어 세어 알아보시오.

창의 수학! 18개의 물건을 셀 때 4씩 묶으면 4묶음이 되고 낱개 2개가 남으므로 4씩 4묶음인 16개와 낱개 2개를 합하여 18개가 되는 방법도 가능해요. 단, 전체를 남는 것이 없이 묶어 세어야 할 때는 몇씩 몇 묶음으로 정확히 묶어야 해요.

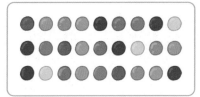

구슬은 3씩 ☐ 묶음이므로 모두 ☐ 개입니다.

구슬은 9씩 ☐ 묶음이므로 모두 ☐ 개입니다.

교과서 따라 하기

몇의 몇 배를 알 수 있어요

생각열기　민주와 친구들은 공터에서 딱지놀이를 하기로 했어요. 가는 길에 수퍼에서 'I+I' 행사를 알리는 포스터가 붙어 있는 것을 보았어요.

"한 개 가격으로 2배만큼 살 수 있겠네."

정민이가 포스터를 가리키며 말했어요.

"2배?"

민주가 고개를 갸우뚱거리며 말했어요.

"그래, 2배. 한 개 사면 2개를 주고, 2개를 사면 4개를 준다는 거야."

"그렇구나. 그런데 너 오늘 완전 어른같이 말한다. 매일 장난만 치더니……"

"장난은 뭐…… 너 딱지 몇 개 갖고 왔어?"

정민이가 쑥스러운 듯 말했어요.

활동 1 민주가 친구들과 딱지놀이를 하고 있어요. 민주는 딱지가 **2**개 있고, 정민이는 **8**개가 있어요.

🌸 정민이가 가진 딱지는 민주가 가진 딱지보다 몇 개 더 많을까요?

정민이는 민주보다 딱지를 　6　 개 더 가지고 있어요.

➡ 8-2=6

🌸 정민이가 가진 딱지는 민주가 가진 딱지의 몇 배일까요?

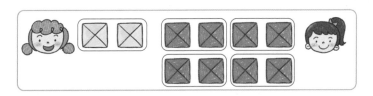

2씩 **4**묶음은 **8**이에요.

2씩 **4**묶음은 **2**의 **4**배예요.

2씩 **4**배는 2 + 2 + 2 + 2 = **8**이에요.

8은 2의 **4**배예요.

민주가 가진 딱지는 **2**씩 　I　 묶음이에요. 정민이가 가진 딱지는 **2**씩 　4　 묶음이에요. 정민이가 가진 딱지는 민주가 가진 딱지의 　4　 배예요.

6. 곱셈 **171**

활동2 세찬이와 혜림이가 딱지놀이를 하기 위해 만났어요. 혜림이가 가져온 딱지는 모두 몇 개인지 알아볼까요?

세찬이가 가져온 딱지는 모두 몇 개인지 세어 볼까요?

하나,   둘,   셋   모두 3 장이에요.

혜림이가 가져온 딱지는 모두 몇 장인지 알아볼까요? 혜림이가 가져온 딱지는 세찬이가 가져온 딱지의 **3**배이므로 딱지의 수만큼 ●를 그려 볼까요?

 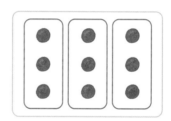

 3 의 3 배는 3 을 똑같이 3 번 더한 것과 같아요.

혜림이가 가져온 딱지의 수를 덧셈식으로 나타내어 볼까요?

3 + 3 + 3 = 9

혜림이가 가져온 딱지의 수는 **9**개예요.
3의 **3**배는 9 개예요.

약속하기

- 3씩 3묶음은 9입니다.
- 3씩 3묶음은 3의 3배입니다.
- 3의 3배는 3+3+3=9입니다.
- 9는 3의 3배입니다.

마무리

무가 20개 있어요. 몇의 몇 배인지 구해 볼까요?

2개씩 묶으면 10묶음 이에요.

20은 2의 10배예요.

4개씩 묶으면 5묶음 이에요.

20은 4의 5배예요.

익히기 문제

1 초콜릿은 크림 빵 수의 몇 배인지 구하시오.

 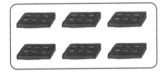

 배

2 그림을 보고 물음에 답하시오.

꽃은 2송이씩 몇 묶음입니까?

[   ] 묶음

꽃의 수는 나비 수의 몇 배입니까?

[   ] 배

곱셈식을 알 수 있어요

생각 열기 민주와 친구들이 노는 공원에는 어두워져도 공원을 이용할 수 있게 해 주는 고마운 가로등이 있어요. 가로등에 있는 전구가 모두 몇 개 있는지 세어 볼까요?

가로등 한 개에 전구가 **3**개씩 있으니까 묶어 세어 보려고 해요.
가로등은 모두 **7**개가 있어요.
3씩 **7**묶음이면 전구는 모두 **21**개가 있어요.

$$3 + 3 + 3 + 3 + 3 + 3 + 3 = 21$$

21개의 전구가 공원을 환하게 비춰 주어요. 밝은 때는 전구를 켜지 않도록 잘 관리해야겠어요.

활동 **1** 공원 텃밭에 배추가 심어져 있어요. 배추는 모두 몇 포기인지 세어 볼까요?

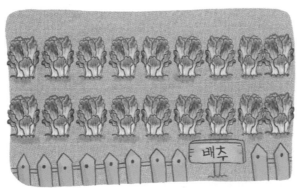

😊 배추는 모두 몇씩 몇 묶음으로 나타낼 수 있을까요?

2씩 묶으면 [9] 묶음이에요.

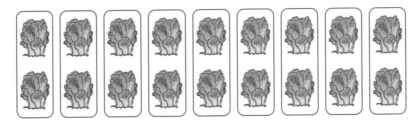

😊 배추의 수는 2의 몇 배라고 할 수 있을까요?

2씩 9묶음이므로 2의 [9] 배라고 할 수 있어요.

| 2배 | 3배 | 4배 | 5배 | 6배 | 7배 | 8배 | 9배 |

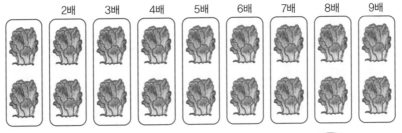

2의 9배를 2×9라고 써요.

2×9는 2 곱하기 9라고 읽어요.

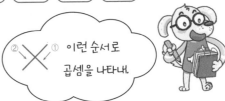

이런 순서로 곱셈을 나타내.

활동❷ 공원에 예쁜 꽃들이 있어요. 꽃이 모두 몇 송이인지 세어 볼까요?

🌸 꽃의 수는 **4**씩 몇 묶음으로 나타낼 수 있나요?

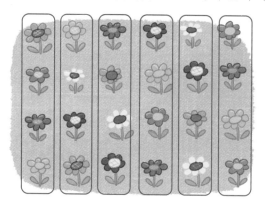

4씩 ⬚6⬚ 묶음이에요.

🌸 **4**의 몇 배라고 할 수 있나요?

⬚6⬚ 배예요.

🌸 꽃의 수를 덧셈식으로 어떻게 나타낼 수 있나요?

4의 **6**배이므로 **4**를 ⬚6⬚ 번 더하면 돼요.

4 + 4 + 4 + 4 + 4 + 4 = 24예요.

🌸 **4**의 **6**배를 곱셈식으로 나타내어 볼까요?

$4 \times 6 =$ ⬚24⬚

🌸 $4 \times 6 = 24$를 읽어 볼까요?

4 곱하기 **6**은 **24**예요.

4 ⬚곱하기⬚ **6**은 **24**와 같아요.

4와 **6**의 곱은 **24**예요.

약 속 하 기

4의 **6**배를 4×6으로 씁니다.

4×6은 **4** 곱하기 **6**이라고 읽습니다.

| $4 + 4 + 4 + 4 + 4 + 4 = 24$ |

| $4 \times 6 = 24$ | → '4 곱하기 6은 24와 같습니다' 라고 읽습니다.

마무리

익히기문제

1 그림을 보고 물음에 답하시오.

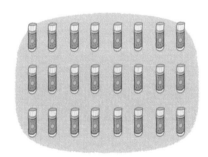

풀의 수는 **3**의 몇 묶음입니까?

☐ 묶음

풀의 수는 **3**의 몇 배입니까?

☐ 배

풀의 수를 덧셈식으로 나타내어 보시오.

───────────────

풀의 수를 곱셈식으로 나타내어 보시오.

───────────────

창의
수학 ! 다음과 같은 배열을 보고 이와 관련되는
모든 곱셈식을 찾아보게 하는 것도 좋은
활동입니다.

곱셈식을 활용할 수 있어요

생각 열기 민주는 친구들과 딱지놀이를 하고 돌아오는 길에 과일 가게 아주머니가 사과 20개를 포장하려는 것을 봤어요.

여러 가지 상자 중에서 사과 20개를 남김없이 모두 넣을 수 있는 상자를 고르려고 해요.

사과 20개는 몇씩 몇 묶음으로 나타낼 수 있을까요?

20은 4씩 5묶음이므로 4의 5배라고 할 수 있어요.

덧셈식으로 나타내면 $4+4+4+4+4=20$이에요.

또, 곱셈식으로 나타내면 $4 \times 5 = 20$이에요.

20은 2씩 10묶음으로도 나타낼 수 있으므로 2의 10배예요.

덧셈식으로 나타내면 $2+2+2+2+2+2+2+2+2+2=20$이에요.

또, 곱셈식으로 나타내면 $2 \times 10 = 20$이에요.

사과 20개를 남김없이 모두 넣을 수 있는 상자는 바로  예요.

활동 1 민주는 친구들과 떡집을 지나가다가 여러 가지 떡이 있는 것을 보았어요.

🌸 바람떡은 모두 몇 개인지 덧셈식과 곱셈식으로 나타내어 볼까요?

바람떡은 3씩 [4] 묶음이므로 12개가 있어요.

3의 [4] 배예요.

덧셈식으로 나타내면 3+3+3+3=12예요.

곱셈식으로 나타내면 3 × [4] =12예요.

🌸 절편은 모두 몇 개인지 덧셈식과 곱셈식으로 나타내어 볼까요?

절편은 2씩 [8] 묶음이므로 16개가 있어요.

2의 [8] 배예요.

덧셈식으로 나타내면 2+2+2+2+2+2+2+2=16이에요.

곱셈식으로 나타내면 2 × [8] =16예요.

🌸 절편은 모두 몇 개인지 다른 곱셈식으로도 나타내어 볼까요?

8 × [2] =16이에요.

4 × [4] =16이에요.

활동 2 시루떡은 모두 몇 개인지 알아볼까요?

😊 한 팩에 들어 있는 시루떡은 몇 개인가요?

3 개예요.

😊 덧셈식으로 나타내어 볼까요?

$$3 + \boxed{3} = 6$$

😊 몇의 몇 배인지 곱셈식으로 나타내어 볼까요?

$$3 \times \boxed{2} = \boxed{6}$$

😊 곱셈을 보여 주는 그림을 그리고, 이야기 문제를 만들어 풀어 볼까요?

그림

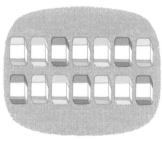

이야기

예 문방구점에 지우개가 있습니다.
지우개의 수를 곱셈식으로 나타
내시오.
$7 \times 2 = 14$
지우개는 14개입니다.

마무리

바둑판 위에 바둑돌이 놓여 있어요.

바둑 돌이 몇 개인지 세어 볼까요?

바둑돌의 수를 덧셈식으로 나타 내면 4+4+4+4+4 +4+4=28이에요.

바둑 돌의 수를 곱셈식으로 나타내면 4×7=28이에요.

익히기 문제

1 5개씩 들어 있는 토마토가 6상자 있습니다. 토마토는 모두 몇 개인지 덧셈식과 곱셈식으로 나타내어 보시오.

덧셈식 : _____

곱셈식 : _____

2 그림에 알맞은 이야기 문제를 만들어 풀어 보시오.

_____

_____

_____

정답 **1** 덧셈식 : 5+5+5+5+5+5=30 / 곱셈식 : 5×6=30
2 도넛이 있습니다. 도넛의 수를 곱셈식으로 나타내시오. 2×4=8 또는 4×2=8 도넛은 8개입니다.

문제를 풀어 봅시다

 나비가 18마리 있습니다. 여러 가지 방법으로 묶어 세어 보시오.

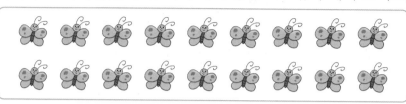

2씩 묶어 세어 보시오.

3씩 묶어 세어 보시오.

6씩 묶어 세어 보시오.

9씩 묶어 세어 보시오.

 덧셈과 곱셈을 하여 알맞은 수를 써넣으시오.

8+8+8+8+8+8=□   9+9+9+9+9+9=□

8 × □ = □   9 × □ = □

03 꽃이 모두 몇 송이 있는지 곱셈식으로 나타내시오.

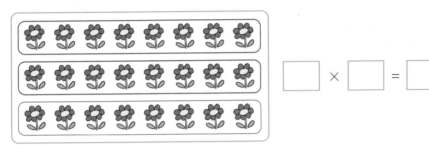

$$\boxed{} \times \boxed{} = \boxed{}$$

04 □ 안에 알맞은 수를 써넣으시오.

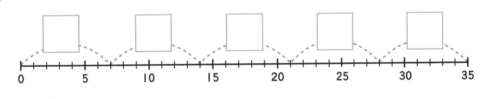

35는 7의 $\boxed{}$ 배예요.

05 진규는 감을 **24**개 가지고 있고, 보경이는 감을 **8**개 가지고 있습니다.
진규가 가진 감은 보경이가 가지고 있는 감의 몇 배입니까?

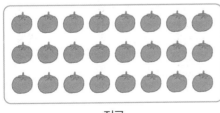

진규

보경

놀 이 마 당

나는 곱셈왕!

5명까지 놀이를 함께할 수 있어.

- 맨 위 칸의 하나를 선택하여 이름을 적어요.
- 서로 다른 색깔의 색연필을 선택해요.
- 사다리를 타고 내려가다가 만나는 선을 따라 계속 내려가요.
- 맨 마지막 칸에 도착하면 그 칸에 적혀 있는 식을 계산해요.
- 계산한 결과가 가장 큰 사람이 이기게 돼요.

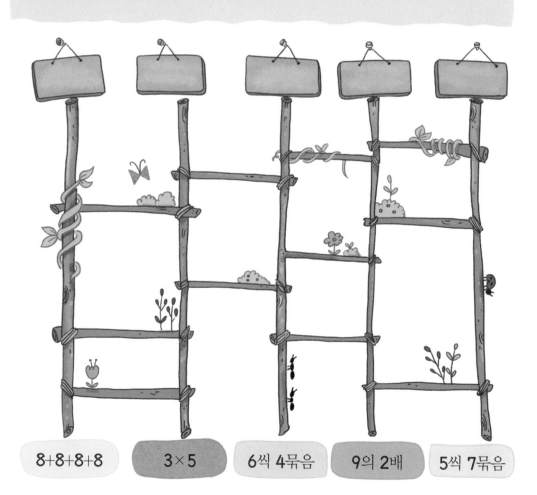

8+8+8+8 3×5 6씩 4묶음 9의 2배 5씩 7묶음

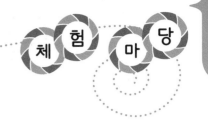

성냥개비로 도형 만들기

민주는 성냥개비로 여러 가지 도형을 만들고 있어요.

민주가 만든 도형을 직접 만들어 봐요. 그리고 성냥개비가 몇 개 필요한지 곱셈식을 써 봐요.

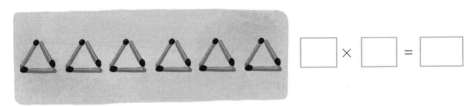

□ × □ = □

성냥개비 **36**개를 모두 사용하여 같은 크기의 모양을 직접 만들어 봐요. 만든 도형을 그림으로 그리고 곱셈식을 써 봐요.

만든 모양의 그림	곱셈식

32쪽 ㅣ 1. 세 자리 수

01 134, 135, 136, 137, 140 / 144, 145, 146, 150 / 152, 153, 154, 158, 159, 160
161, 162, 163, 164, 165, 166

02 1씩

03 10씩

04 50씩 커지고 있습니다.

05 934, 942

06 백군

07 <

08 백, 십, 일

62쪽 ㅣ 2. 여러 가지 도형

01 음료수 뚜껑, 탬버린, 동그란 시계 등

02 4

03 생략

04 변의 개수 3, 4, 5, 6 / 꼭짓점의 개수 3, 4, 5, 6

05 원

06 ☐ / ●, ☐, ☐이 반복되는 규칙입니다.

108쪽 **| 3. 덧셈과 뺄셈**

01 식 : 35+45=80 / 답 : 80쪽

02
```
    5  10
    6̸  5
  -  2  9
  ─────────
     3  6
```

03 식 : 27+14-3=38 / 답 : 38개

04
```
   2  10          8  10
   3  1           9  3
 - 2  7         - 2  5
 ────────       ────────
      4            6  8
```

05 ① 55, ② 64

06 식 : 13-□=7 / 답 : 6개

138쪽 **| 4. 길이재기**

01 첫 번째 책, 두 번째 책

02 6, 6

03 연필의 길이를 살펴보니 10cm에 더 가깝습니다.
희수가 어림한 대로 연필의 길이는 약 10cm입니다.

156쪽 | 5. 분류하기

01 7, 5, 여름, 봄

02 플라스틱류 – ⑤, ⑦
캔류 – ①, ②
비닐류 – ③, ④, ⑧
종이류 – ⑥, ⑨

182쪽 | 6. 곱셈

01 2, 4, 6, 8, 10, 12, 14, 16, 18 / 3, 6, 9, 12, 15, 18 / 6, 12, 18 / 9, 18

02 48 / 54 / 6, 48 / 6, 54

03 8, 3, 24

04 7, 7, 7, 7, 7 / 5

05 3배